Pepper開發者
從0到1的
創新工作法

重要的不是才能，而是練習！

我在Toyota和SoftBank突破組織框架的22個關鍵

Hayashi Kaname 林 要 ——————— 著 林詠純 ——————— 譯

トヨタとソフトバンクで鍛えた「0」から「1」を生み出す思考法

How to Make ZERO into ONE

ゼロイチ

推薦序——

上班族，開始享受創新的樂趣吧

周碩倫／奇果創新管理顧問公司首席顧問

讀這本書，相見恨晚。

從三十年前參與台灣最早期電子字典的開發，到二十年前參與台灣最早期網路金融和電子商務系統的啟動，再到十年前開始在兩岸專注創新培訓和顧問，很多朋友喜歡問我：「為什麼你做的行業跟工作，總是跟其他人不一樣？」

其實，當你體驗過從 0 到 1 創新的喜悅和刺激，一般穩定的工作你就回不去了。但是我並沒有獨立創業，我是在企業內部的創新者。我們雖然沒有「創業家」的光環，但時時充滿「創新者」的喜樂。本書作者林要寫出了我們這一群在企業內創新者應有的心態和挑戰，相信可以給許多在企業科層組織架構裡努力創新的朋友一些實用的教戰守則。

創新的心態不對，學再多方法都沒用

我在兩岸許多知名企業教授創新，經常聽到學員說：「顧問你教的方法很好，但是在我們公司沒有用。」我的老闆不鼓勵創新、公司沒有資源支持創新、KPI和專案進度壓得我們無法創新……感覺千錯萬錯都不是我的錯，是外在環境限制了我的創新力。

其實，這恰巧是上班族創新最大的迷思。無法創新，往往不是外在因素，而是內在的創新熱情不足。憑藉創新的熱情，突破環境限制，正是創新者最基本的修為。如果總是期待他人支持、環境改變，抱怨創新的東風不來，可能就只能當一輩子鬱卒的上班族，沒有創新突破的一天。

作者林要以親身在豐田汽車和軟體銀行的經歷，說明創新者的心態才是創新最重要的要素。創新的心態一旦偏差，學再多的創新方法也沒用。這本書提出在公司裡實現「全新嘗試」的二十二個法則，正是冀望創新的企業工作者應該具備的基本創新心態。

在官僚組織裡，也可以有從0到1的創新

這二十二條從0到1法則，其實談的是創新的「自信」，而不是

創新的「能力」。書讀得不好，也可以從0到1；不是分到主流部門，也可以從0到1；被主管鄙視、冷凍，也可以從0到1；被資深員工或其他部門嘲諷，也可以從0到1；資源少、限制條件多，也可以從0到1；專業知識不足的外行人，也可以從0到1。作者提出從0到1需要的是「熱情」、「自信」、「嘗試」、「練習」、「衝動」、「批判」、「擴大生活體驗」、「不要害怕失敗」。

關於創新的知識和理論，大多數的人都已經知道太多了，是該動手做做看的時候了。就如同史丹佛大學設計學院d.school的名言：「我們獎勵成功的嘗試，我們也獎勵失敗的嘗試，我們只懲罰什麼都不試的人。」

上班族停止抱怨，開始享受創新的樂趣吧

從0到1的成就感和樂趣，是驅動創新者前進的力量，是值得不斷追尋的目標。Nike創辦人菲爾・奈特（Phil Knight）在捐贈史丹佛商學院大樓的時候，留下了一段話：

There comes a time in every life when the past recedes and the future opens. It's that moment when you turn to face the unknown. Some will turn back to what they already know. Some will walk straight ahead into uncertainty. I can't tell you which one is right. But I can tell you which one is more fun.

每個人都有佇立於「過去」和「未來」交叉口的時候，我無法告訴你走向「已知的過去」和「未知的未來」哪一條路是正確的，但是我可以告訴你，哪一條路是充滿樂趣的。

推薦序——

從0到1，人人會說，個個沒把握

——程世嘉／愛卡拉執行長

「如何創新？」「要創什麼新？」早已經是市場上每個人都在問的問題。創新是經濟不斷成長的動能，但是知道的人多，做到的人卻很少，而能夠把創新規模化、發展成商業模式的人更是鳳毛麟角。

隨著市場變得擁擠，創新的機會其實不斷在減少當中，容易做的題目都做完了，雖然市場的游資越來越多，卻越來越難找到新的題材可以發揮。怎麼辦？

「Pepper之父」林要的這本書，把自己開發Pepper的歷程仔細地記錄下來，從中整理出他認為的創新關鍵和思維。細細咀嚼本書，不難感受到林要想扭轉和挑戰社會對於「創新」和「失敗」的傳統價值觀：從0到1是優秀人才才能做的事情，而失敗是可恥的。林要認為，「衝動」、「不畏懼失敗」、「跳出舒適圈」、「熱情」等特質是實現從0到1的必要條件。

這與近年來創新實務的潮流相契合，由於市場的不確定性變得極高，產業及產品生命週期不斷在縮短，所有的企業、組織和個人都無可避免地將創新的實務總結為「試誤法」。簡單來說就是，如果此路不通，就趕快換一條路走，不要留戀過時的題目，不用對市場進行過多的事前分析，只要跟著市場隨時修正就好了，因為沒有人可以預測市場。

這樣的情勢體現在各種方法論上，於是就衍生出了「精實創業」、「精實製造」、「fail often, fail fast」、「build-measure-learn」

等等發展和製造新產品的框架。這些框架也是我在 Google 工作時，以及後來創業，不斷奉行的原則。

在 Google，我參與了各式各樣的創新專案，最早期是將人工智慧應用在中文搜尋當中，後來參加地圖團隊，成為 Google 地圖大眾運輸功能的主要作者，最後又參與了 Android 作業系統多媒體核心框架的開發，見證了所有網路市場的重大變化，並且親身參與其中。當然，整個工作歷程也不乏失敗的產品，例如已經為人所遺忘的個人首頁產品 iGoogle。

我離開 Google，創業至今七年以來，我們的團隊也從 0 到 1 發展了不同的產品，並且成功規模化走出台灣，包括 LIVEhouse 網紅 AI 分析服務、企業用影音技術平台 StraaS、AI 電商銷售工具 Shoplus，並迅速成為 Google 在全世界最大的合作夥伴之一。若是要總結過去的創新過程，不外乎就是遵循了林要在本書中提出的二十二個創新關鍵和思維。

值得注意的是，林要並非一開始就是創業家，他的創新旅程都是在大公司內部，也認為從 0 到 1 並不是新創公司的專利，每個人都應該要有創新的思維，從流程、從經營管理的角度，就可以開始實踐各種創新。日本的社會結構長期固化，甚至連轉職都被視為是上班族職涯自殺的舉動和禁忌，像林要這樣敢於投入自己有熱情的項目，在組織內大力推動改革，並且接下孫正義從 0 到 1 發展智慧機器人這個遠大題目的人，在日本的社會氛圍之下真的是非常罕見的特例。

雖然晚了不少，近幾年日本的創新氛圍的確稍微加溫了，除了新創公司如雨後春筍般增加，也有更多傳統的大企業跨出日本，邁向全世界，尋找更大的舞台。經濟失落數十年的日本，也開始輸出國內的創新，希望能在世界的舞台上重新占有一席之地。

失敗和成功，永遠都是一路同行。這本書從日本的視角，以及大企業的視角闡述創新，又出自全球爆紅的 Pepper 之父之手，非常值得一讀，我認為尤其值得產業老化、面臨轉型危機的台灣。

我誠摯地推薦本書給讀者。

推薦序——楊千／交通大學經營管理研究所教授

從0到1，一個真實、有趣又深刻的故事

崇越集團董事長郭智輝先生在宜蘭開設安永鮮食館，門口就有一個擬人化機器人Pepper，一般小孩子或年紀大的人看到這麼可愛的擬人化機器人都會覺得新鮮好玩，相當可愛。已經有人預測，將來擬人化機器人可以當個人助理、朋友，甚至當戀人都是非常可能的。本書作者林要就是在日本軟體銀行負責將Pepper商業化的人。

你是誰不重要，但跟誰在一起很重要。常常跟聰明的人在一起，分

享與見證他的經驗，不讀書都會變聰明。如果我們沒有機會跟聰明的人在一起，透過他的書籍或作品，也能學到一些他的想法。

有兩個原因我推薦這本書給讀者。

第一，從 0 到 1 這個主題，在現今科技變化快速的時代是越來越需要，也越來越重要。以學術界來說，研究題目決定了一份研究一半的命運。寫論文其實是兩個階段，第一個階段是決定題目，第二個階段就是把它有組織、有條理地寫出來。從沒有題目到有題目，是從 0 到 1 的無中生有階段；想破頭，有了題目和大綱之後，就進入以少變多階段。其中最折磨人、最困難的是第一個階段：無中生有。

以產業界來說，要在研發上增加企業競爭力，需要從 0 到 1 的創新思考，提供附加價值高的產品或服務。過去，鴻海集團厲害的是從 1 到無限大的功力，擅長大量生產；但現在鴻海集團也投資許多資源在從

0到1的創新工作，甚至在台灣和北京清華大學設置尖端的研究，盼望將製造的鴻海走向科技的鴻海。

從0到1不是現有工作的延伸，而是一種量子化的跳躍，所以更顯得本書值得借鏡的價值。

第二，讀這本書本身就是一個享受。就好像作者林要坐在你的面前侃侃而談，分享他在開發Peppe時的心路歷程，包括過程中許許多多的酸甜苦辣，以及他在每個階段體會出來的心得或概念。比如說，限制條件是創意的泉源。他的經驗告訴我們，限制不是我們的絆腳石，反而是墊腳石。從正面思考，限制條件可以幫助我們，或者說逼迫我們往從0到1的方向走。

林要用輕鬆但深刻的方式表達他學到的教訓與心得，我們就像在聆聽一個真實又有趣的故事，並且從他的經驗中獲得巨大的能量與啟示。

CONTENTS

推薦序

前言

第1章 創新，隱藏在「失敗」當中

第2章 「潛意識」是從0到1的主戰場

11▼在「非日常經驗」中發現從0到1 ——想出嶄新創意的最佳方法

第3章 光有「點子」，不可能實現從0到1

第5章　「效率化」將扼殺從0到1

後記／268

前言

我想做出前所未有的東西

「我想做從0到1的工作。」

我從出社會前就一直這麼想。我不想要沒完沒了地執行已經安排好的事情，我也不想要把別人創造出來的「1」變成「10」。我嚮往的是親手從「0」創造出「1」的工作。我想做出前所未有的東西，讓全世界的人「哇」地大吃一驚。我一直有著這樣的夢想。

這當然只是毛頭小子單純的妄想，我在當時還沒有任何實績，也缺乏自信，這個妄想的反面，不如說是更強烈的不安。我的記憶力很差，一向不擅長考試，雖然做的都是我感興趣的事，卻從未有過脫穎而出的成功經驗，而且我還極度怕生。我真的能夠好好地在公司工作嗎？自己到底能不能成為對社會有用的人呢？種種事情都讓我擔憂。

到現在，已經過了十七年了。這樣的我，也成功參與了幾項從0到1的計畫。

給我機會的是豐田汽車與軟體銀行。我一畢業就進入豐田汽車工作，並且在進公司的第三年，因為一個偶然的機會，加入了豐田汽車第一款超跑Lexus LFA的開發計畫。這個挑戰幾乎顛覆過去的常識，而我成功了。

後來，我前往歐洲，擔任豐田汽車F1的工程師。在那裡，為了研發出最快的賽車，累積了不少將從0到1的想法化為實體的經驗。

回國後，我轉調到量產車的產品企畫部，在首席工程師底下負責管理工作。一開始，因為不習慣管理工作吃了不少苦頭，但後來也逐漸品嘗到和大家齊心協力推動專案的美妙滋味。

就在那個時候，我認識了軟體銀行的孫正義社長。當時我以外來學生的身分，加入孫正義為培養繼承人而成立的「軟體銀行學院」，直接向他學習，希望將孫正義的領導學活用在管理工作上。

沒想到，這成了我職涯的轉捩點。

「來我們公司吧。」孫正義對我說。

「要做什麼呢？」我問他。

「機器人。將能夠與人類心靈交流的機器人普及化。」孫正義這麼回答。

沒有這更棒的從0到1了！這個想法讓我跳槽到軟體銀行。我有了一個機會，可以加入開發團隊，製作全球第一款能夠辨識情感的機器人Pepper。

我一路看著Pepper逐漸打入市場，最後在二〇一五年九月離開軟體銀行。因為我想挑戰新的從0到1，我想創造出全世界未曾出現過的，能夠滿足心靈、支持人類的機器人，基於這樣的想法，我成立了「GROOVE X」這家機器人新創公司。

我已經年過四十，一想到僅剩的人生，就對自己在這個時間點跨出這一步完全沒有猶豫。我當然也會擔心，但現在與志同道合的夥伴一起度過的每一天都很充實。

組織中的人，要如何實現從 0 到 1？

我之所以會興起寫這本書的念頭，是因為我在離開軟體銀行之後，輔導了許多商業人士，他們多半身處在公司組織裡，不知道該如何以上班族的身分面對從 0 到 1。

他們當中有人找我商量個人立場的問題：

「該怎麼做，才能在公司裡實現從 0 到 1 ？」

「公司雖然把新事業交給我負責，卻一直進行得不順利……」

「公司要求創新，但是到底該怎麼做才好……」

也有人找我商量經理人立場的問題：

「如何才能培養出有能力從0到1創新的人才呢？」

我對他們的煩惱感同身受，因為直到不久之前都還是上班族的我，也有過同樣的煩惱。

克雷頓・克里斯汀生（Clayton M. Christensen）《創新的兩難》（*The Innovator's Dilemma*）這本書也清楚提到，如果一家公司已經有成功的事業，那麼，想在這家公司裡成功地從0發展出1，絕對不是一件容易的事。

我一直以來所做的事情其實微不足道。我並沒有研發出像iPhone那種大獲成功的商品，也不覺得自己適合輔導這些為了從0到1而煩惱的人。但是與大家的討論帶給我刺激，讓我能夠深入思考：**想在組織裡實現從0到1，最重要的關鍵是什麼？**

我在思考的過程中，也閱讀了許多書，希望能從中得到參考。然而，市面上關於創新的書雖然不少，但作者卻幾乎都是創業家、自由工作者或研究者。他們的觀點當然也很有參考價值，但是仔細想想，大部分的讀者都是在公司裡工作的上班族，這些書籍不一定能夠考量到上班族的立場，所以也不盡然能夠解答讀者真正想知道的事情。

我很幸運地有機會在豐田汽車與軟體銀行這樣的大企業挑戰從0到1，既然市面上的書對上班族而言不盡然適用，那麼，將我的經驗與從中得到的體悟集結成冊，多少還是有點意義吧。而且，如果不在剛離開大企業的時間點動筆，寫出來的內容或許就無法貼近現在正在苦惱的上班族。這麼一想，我就斗膽提筆寫這本書。

創新需要的不是「才能」，而是「練習」

我認為，從0到1，誰都做得到。因為連我都能做到一定的程度。

小時候，我是個平凡的孩子，沒有任何特殊天賦，小學的時候，連九九乘法表都背不起來。中學的時候在社團中一點都不活躍，但課業成績也沒有特別頂尖。高中的時候更悲慘，是萬年的倒數第二名。

我在大學時主修空氣動力學，全心在研究滑翔機，大學生活過得很充實，但是在找工作時卻遭遇滑鐵盧。我想去的公司沒有錄取我，繼續升學也是出於消極的選擇。研究所畢業後，好不容易才有工作，當時並非首選的豐田汽車錄取了我。換句話說，過去的我是個失敗者。

不僅如此，人際關係也讓我很煩惱，無論是在豐田汽車，還是在軟體銀行，我都曾經在組織法則的夾縫中不知所措，不知道為此被罵了多少次。我也經歷過數不清的失敗，但唯有一件事我可以抬頭挺胸地說：

「即便如此，我還是會持續挑戰從0到1。」

我認為，這就是實現從0到1的唯一方法。

我想表達的絕對不是「毅力論」。

人類的大腦不管到了幾歲，只要輸入新的資訊，大腦就會自動重組迴路。但是，只有「知識」是不夠的，唯有實際的「經驗」，才能讓大腦的迴路大幅改變。就算從書本中學到騎自行車的方法，也絕對無法學會騎車。只有一次又一次地跌倒、練習，才能掌握騎車的訣竅。這個時候，大腦的迴路已經重組了。同樣的道理，只有試圖採取從0到1的行動，才能讓大腦建立起從0到1需要的迴路。

踏出這一步當然是可怕的，因為這一步會跨出組織公認的「常識」，一定會產生批判與摩擦。而且，從0到1必然會成為公司的「非主流」，挑戰的人將被迫對抗孤獨與不安。

但如果因為害怕而待在「常識」的框架中停滯不前，大腦會漸漸強化這個最適合在框架中安穩度日的迴路。這麼一來，不管是頭腦多好的人，都絕對無法實現從0到1的創新。我想各位也知道，有些人就算直覺敏銳、頭腦清晰，也完全沒有創造力。

相反地，我曾經與成功實現從0到1、真正有能力的人一起共事，就我的經驗來看，他們不一定有很高智商，但是這些人毫無例外地，全都不畏風險，持續挑戰創新。換句話說，**能否一次又一次地練習稍微跨**

出框架，將決定從0到1的成敗。

從0到1需要的不是「才能」，而是「練習」。

一切終究是由「做或不做」來決定。

從0到1是人類的本能

話雖如此，但要是盲目地挑戰而繞了遠路也很可惜。所以，我根據自己的經驗寫下這本書，幫助想在組織中實現從0到1的人，整理出必須留意的重要事項。

▼「潛意識」是從0到1的主戰場

▼專業的「外行人」最厲害
▼「衝動」是美德
▼光有「點子」，不可能實現從0到1
▼在「有計畫」與「無計畫」之間前進
▼「不會失敗」是危險的徵兆
▼「效率化」將扼殺從0到1

這些是笨拙的我在不斷摸索的過程中掌握到的訣竅，我相信，對於在工作上煩惱的上班族而言，多少有些可以參考的部分。

從0到1的魅力是什麼呢？

我覺得是樂趣。

「就是這個！」靈感出現的瞬間相當爽快，同時也會湧現試圖將想法實現的熱情。但接下來就會面臨一連串的痛苦，因為是沒有前例可循的嘗試，所以無論怎麼找都不會有「正確答案」。只能在看不見終點的情況下，沿著不安的道路一步一步往前進，有時候還得承受來自周圍的反彈。然而，只要擁有從0到1的熱情，這種「創造的痛苦」也會變成喜悅。

經過一番苦戰，成功實現從0到1的時候，至高無上的喜悅將油然而生。至今為止的辛苦都將化為美好的回憶，並且再度湧現挑戰下一個從0到1的熱情。我想，這或許就是身為工作者最大的幸福吧！

從0到1的原動力是好奇心。對「未曾看過的事物」、「未曾見過的世界」感興趣，是人類的原始本能之一。每個人都有這樣的欲望，為了滿足這個內在的本能而工作，自然會產生動力。相反地，如果只是為了「義務」而工作，只會減損熱情。所以我深信，從0到1才是實現人類本能的工作。

我希望讓更多的上班族體驗實現從0到1的喜悅，進而活化目前的經濟狀況。如果這本書能夠為此略盡棉薄之力，對我來說沒有比這更開心的事情了。

Chapter 1

創新，隱藏在「失敗」當中

「失敗」の向こうにゼロイチはある

1▼正因為不是「王牌」，才有機會從事創新

——從0到1，是上班族的「藍海策略」

誰說只有優秀的人，才能實現從0到1？

「他能夠實現從0到1，是因為他本來就很優秀。」和上班族對談時，偶爾會從他們的話中聽出這層意思，而且，他們接下來想說的多半是：「所以我做不到。」

但我覺得這樣的想法是錯的。我反而覺得，在一家公司裡，被歸類為「二軍」、「三軍」以下的人，比被視為「一軍」的人，更有機會參與從0到1的計畫。

因為我自己就是如此。

我第一次參與從0到1，是在進入豐田汽車的第三年。當時我被分配到的部門是「實驗部」，在那裡負責電腦分析。我的工作就是分析而已，無法深入參與任何車款的開發。老實說，對於想從事「製造」的我而言，這樣的工作完全違背我的意願。

但是某一天，主管來找我商量：「我希望你除了手邊的事情之外，也一邊協助LFA的開發。」

LFA指的是豐田汽車第一款超跑Lexus LFA，一部要價高達三千七百五十萬日元。要開發這款「與眾不同」的車款，需要跳脫豐田汽車既有的思維，是一項刺激的計畫，也是我夢寐以求的機會。我幾乎忘記時間的流逝，越來越投入ＬＦＡ的開發工作。這次的經驗也成為一個契機，讓我踏上了與眾不同的職涯。

那麼，主管為什麼會找上沒有任何實績的我呢？

當時的我還很年輕，在實驗部中只有「幼稚園程度」，連「二軍」、「三軍」都稱不上。

那個時候，ＬＦＡ還處於評估的階段，量產計畫尚未正式展開，最後會不會成為產品都還是未知數。然而，實驗部同時還有多項已經決定量產的計畫正在進行，這些計畫的優先度較高，支撐實驗部的核心人員都忙著處理，於是，在消去法之下，ＬＦＡ的工作就落到我的頭上。

這個狀況絕對不是特例。我想，因為公司結構的關係，從0到1的機會，經常以這樣的形式降臨。

舉例來說，假設公司決定展開新事業，儘管新事業需要人手，但很少有公司會在一開始就招募新人，大部分的情況都是設法運用現有資源，一邊起步，一邊觀察狀況。所以，經營團隊必然會要求現有的事業部門撥出人力。

但是對於現有事業的部門主管而言，派出王牌成員沒有任何好處。因為每個部門都有自己的業績目標，要達成目標，就需要王牌成員的力量。目標總是設定在接近部門能夠達成的極限，需要王牌成員也是理所當然的。而且，即便新事業成功，功勞也是屬於新事業的負責人，幾乎不可能將功勞分給派出王牌成員的部門主管。所以對部門主管而言，不派出王牌成員是非常合理的判斷。

因為如此，從0到1的機會，最後就會落在「二軍」、「三軍」的頭上。**只要了解組織的運作機制就會知道，「不夠優秀，就無法得到從0到1的機會」是錯誤的想法。**

沒有競爭對手的從0到1，才有勝算

我甚至覺得，自認不是王牌的人，才更應該挑戰從0到1。

我會想要實現從0到1，其實有兩個理由。

第一個是積極的理由，我想靠自己的雙手，創造出前所未有、令人興奮的東西。因為這些從0到1的產品，從小就帶給我感動，接觸這些產品時，總覺得：「這真是太厲害了！」我希望自己也能帶給人這樣的感動。

另一個是消極的理由。因為我覺得自己在主流領域，拿不出能夠勝過競爭對手的成果。

我從小就不優秀，進入豐田汽車之後，我又更深刻感受到這一點。環顧四周，全都是頭腦清楚、也善於處理人際關係的優秀人才。如果我做的是忠實豐田汽車「模式」的主流工作，在正規模式下競爭，將無法勝過其他人，我有這樣的覺悟。

另一方面，**從0到1的領域，是沒有競爭對手的藍海**。在豐田汽車的主流事業做出成績，是每個人都搶破頭的紅海，但如果我把主戰場轉向競爭對手少的從0到1，就有勝出的可能性。

當然，這個選擇絕對不輕鬆。

現有的事業只要好好照著豐田汽車「模式」去做，就能做出一定的成績。但是從0到1卻不同，不管多麼努力，能不能做出成果都是未知數。然而，在紅海無法勝出的我，只能將勝算賭在藍海上，我認為，在藍海一定能夠找到自己的立足之地。

正當我這麼想的時候，參與LFA開發的機會突然降臨，這是我夢寐以求的機會，我毫不猶豫地投入其中。我抓住了一個契機，讓我展開從0到1的職涯。所以我認為，**覺得自己不優秀、無法成為「一軍」的人，更應開追求從0到1的機會。**

「王牌」容易落入的陷阱

說得更精確一點，想要開拓從0到1的職涯，被視為「一軍」的人必須面對更大的風險。因為支撐企業收益的核心事業不允許失敗，在組織力學的作用之下，會避免「一軍」偏離主流。因此許多組織內部的「一軍」總是拿不到從0到1的挑戰權，只能在遵循主流的情況下，不斷累積職涯。

當然，只要不遭遇重大失敗，腳踏實地累積成果，一樣可以開拓一條飛黃騰達之路。但這麼做會讓人產生某種心理偏差，由於必須保護自己零瑕疵的職涯，心理上會越來越排斥承擔風險，也會避免挑戰可能會失敗的新事物。

然而，一件事物不管在過去多麼成功，總有一天會被新事物取代，這時候，悲劇就會降臨。

想要創造新事物，就不能迴避失敗的風險。或者應該說，從無數的失敗經驗中找出答案，是創造新事物的必要過程。

但是擁有閃亮職涯的「一軍」經不起失敗，所以他們優先選擇的往往不是挑戰新事物，而是延續舊事物的壽命。其中也有不少人以為自己正在挑戰新事物，卻沒有發現，就大局而言，其實只是換湯不換藥。

這些優秀人才在組織裡多半有機會獲得晉升，對組織的決策握有重大影響力，結果導致整個組織陷入膠著，在不知不覺間造成「責任不明的失敗」。最後，當新事物取而代之時，將使組織遭遇近乎毀滅的挫敗。這樣不是非常可怕嗎？

2 ▼「衝動」是美德

——成功的祕訣是「嘗試」，不是「埋頭苦思」

「謹慎派」與「衝動派」

我覺得新進員工大致可以分成兩類。第一類相較之下，行為舉止保守，面對事情時較為謹慎。另一類則不會想太多，如果覺得「應該這麼做才對」，就會去做。

我屬於後者，換句話說，就是比較衝動。年輕的時候做事欠缺考量，經常闖禍，為公司帶來麻煩。而且這樣的狀況不是只有一、兩次，我總是因為被罵而意志消沉。

我曾經歷過至今依然忘不了的失敗。

那是我進公司第二年的事情。當時我隸屬於豐田汽車的實驗部，負責電腦分析的工作，使用的是一種名為UNIX工作站的特殊電腦，一部將近千萬日元。但我認為，不久之後一定會進入個人電腦的時代，所以半強迫地說服公司將UNIX工作站換成個人電腦。

當然，這不只是單純更新設備而已。由於UNIX工作站單價高，採購數量有限，所以能夠進行分析的次數也有限。如果換成便宜許多的個人電腦，就能增加採購數量，我也能隨心所欲地反覆分析到自己滿意為止。

但同事們對於更換電腦都興趣缺缺，因為目前的設備就足以維持工作運行，沒有必要急著更新。「再觀察一下也無妨」，辦公室裡瀰漫著這樣的氣氛。這個判斷雖然保守，卻符合常理。但我卻覺得非換不可，所以力排眾議，甚至主張「一切交給我負責」。

然而，就在資料全部轉移到個人電腦上，以為一切順利時，儲存在電腦裡的資料卻不翼而飛。原因出在我沒有確實驗證NAS這個資料儲存媒介的穩定性。這個疏忽帶給同事許多困擾，而我只能不斷地道歉。

消失的資料無法復原，我只能根據留下來的報告書，重新輸入資料進行計算，重現分析的結果。這個作業非常辛苦，但也只能硬著頭皮去做，費了好一番工夫才終於把資料全都轉移到個人電腦上，總算是把問題解決了。

「先試試看再說」才能學得深刻

我一路走來，這樣的經驗要多少有多少，每次闖禍都給同事添了不少麻煩，被主管責備「做事之前先好好想一想」，我也無話可說。其實，我從小就經常被母親訓斥注意力散漫，唸到耳朵都要長繭了。儘管如此，我還是覺得衝動有不少優點。

不要想太多，先試著去做，才能獲得各式各樣的經驗。尤其是失敗的經驗，因為失敗會帶來痛苦，這時候，學到的教訓才會刻骨銘心。

舉例來說，我經歷了資料不翼而飛的沉痛經驗之後，就不敢在驗證作業上偷懶。就當時NAS的設計來看，即便發生問題也應該能夠復原檔案，但實際上卻做不到。有了這次經驗，下次再遇到類似的事情時，腦中的警鈴就會自動響起，提醒自己要多留意。我認為，這是只有親身體會才能學到的教訓，光靠書本難以領會。不斷累積這樣的經驗，就能掌握挑戰新事物需要的「竅門」。

比起衝動，反而更應該注意從年輕時就行為保守，對工作過於謹慎所帶來的缺點。如果一步也沒離開過主管交辦的範圍，確實能將失敗的機率壓低，但是在有限人生中得到的教訓也會減少。短期來看，失敗經驗少，或許能在公司內部獲得好評；但就長期而言，恐怕將成為只能重複執行公司交辦事項的人。

當然，只有衝動也不行。

首先最重要的是動機。如果沒有「為了公司」、「為了提升品質」這種正當的理由，主管也不會批准。而且，新的挑戰總會產生問題，如果連自己也無法肯定這是有價值的挑戰，遇到問題很容易就會受挫。

其次是無論如何都要堅持到底，這點很重要。

這個世界上不存在無法修補的問題，只要有堅持到底的覺悟，絕大部分的事情都有辦法解決。只要堅持到底，過程中遭遇的大小問題都將成為美好的回憶。更重要的是，周遭的人也會覺得：「把事情交給他（雖然偶爾會出點問題），他都有辦法解決。」如此一來，就能打造出更容易挑戰新事物的環境。

而且，**問題甚至能夠成為邁向未來的契機**。別人也會認為你是屬於「創新派」，讓你建立起個人品牌。後來主管讓我加入豐田汽車第一款超跑ＬＦＡ的開發計畫，這說不定也是「工作站事件」帶來的影響。

有點傻、但不怕失敗的人，勝過聰明、卻經不起失敗的人

在從0到1的過程中，衝動也發揮了威力。因為在創新的過程中，不存在「準備好的答案」。

舉例來說，開發Pepper的時候，孫正義給我的題目是「將能夠與人類心靈交流的機器人普及化」，但是，能夠與人類心靈交流是怎麼一回事？什麼樣的機器人才能夠普及化？我找遍各處都找不到「答案」，這也是理所當然，因為過去沒有任何人成功過。正因為如此，這才是從0到1。

那麼，該如何才能找出「答案」呢？

唯一能做的只有反覆摸索。

舉例來說，什麼樣的機器人才能夠普及化？關於這個問題，我想到實用的機器人，幫忙搬重物也好、每天早上叫我起床也好，這些都很實用吧。接著再驗證這些功能有沒有可能實現，真的能讓人覺得開心嗎。如果驗證結果顯示有勝算，就進一步雕琢；如果覺得沒有勝算，只要放棄就好了。我能做的只有不斷重覆這樣的過程，一點一滴地逼近答案。

衝動就在這時發揮力量。

衝動的人具備機動性，在深入思考之前就先動手，所以他們能夠一個接著一個執行腦中浮現的想法，並且將執行結果得到的回饋活用在下次挑戰上。這個過程的運作速度快慢，掌握了從0到1的成敗。

因為衝動，有些挑戰旁人看來可能會有點傻，覺得：「這不可能成功吧？」這也無所謂。只要每次一想到就動手，就能立刻知道什麼行不通，進而逐漸培養出「直覺」，便能夠自動迴避同樣的失敗。而且，挑戰每個人都覺得傻的事情，反而有可能意外碰撞出誰都想不到的點子。總而言之，不試試看怎麼會知道呢？

所以我覺得，衝動對於從0到1而言是美德。衝動代表儘管可能會失敗，也不吝於努力。衝動或許有點傻，但總之先動手嘗試，就能從**無數的失敗中得到教訓，找出從0到1的「答案」。**

能當聰明人當然好，但聰明並不是成功實現從0到1的重點。實際上，「有點傻、但不怕失敗的人」，比「聰明、卻經不起失敗的人」更能做出成果。面對失敗的態度才是核心關鍵。

3▼「出頭鳥」才能出頭天

——成為專案「指定人才」的方法

「出頭鳥」才能獲得機會

「機會要靠自己把握。」

雖然我們常聽到這句話，但是對上班族而言，現實卻不必然如此。人事權掌握在上級手上，只要隸屬於公司組織，機會就只能靠主管給予。

那麼，怎麼做主管才會給我們機會呢？

想要獲得從 0 到 1 的機會，我認為，最好的方法就是成為「出頭鳥」。雖然說「槍打出頭鳥」，這或許不是讓人飛黃騰達的方法，但也正因為如此，才能讓主管認識我們，知道我們的頑強。

這樣的「認識」很重要，因為當公司有重要計畫，要進行人事異動時，高層不可能將他們不認識的人列入候補。唯有被高層認識，才有機會被點名，這非常合理。

而且，對於從 0 到 1 這種棘手的計畫而言，當主管眼中的出頭鳥，比當菁英分子更有效。因為主管會覺得：「這種棘手的工作，似乎適合這個棘手的傢伙……」這麼一來，機會就會降臨到我們頭上。

我在豐田汽車工作的時候，深刻體會到這一點。

我自從進了豐田汽車之後，就一直很想加入公司的F1開發團隊。但是，想加入F1團隊，必須通過公司內部的公開招募，遺憾的是，我連報名資格都不符合，我的瓶頸在於英語能力。

F1的根據地在德國，來自世界各國的工程師聚集在那裡，英語是大家的共通語言，所以多益八百分是報名的條件。但是我的英語非常差，多益滿分是九百九十分，我只拿了兩百四十八分。多益是四選一的選擇題，就算隨便猜，理論上也能得到兩百四十八分，所以我的實力實質上就是零分。在這樣的狀況下，我一點希望也沒有。

這樣的我，最後為什麼能夠拿到通往F1的門票呢？

轉捩點就出現在我參與LFA開發計畫時發生的某件事。

就算被高層怒罵：「你到底在搞什麼！」

在LFA開發計畫中，我基於空氣動力學的原理，要求設計師將懸吊系統彎曲，因為是史無前例的設計，我費盡千辛萬苦才說服相關部門，終於得到他們的幫助，完成設計圖。

「這麼一來就無可挑剔了！」我興高采烈地拿著完成的設計圖，向負責技術的董事進行報告。然而，我的說明還沒結束就響起怒吼……

「你到底在搞什麼！怎麼可以因為空氣動力學這種小問題就將懸吊系統彎曲！」主持會議的董事大發雷霆。

這位董事過去就是在設計懸吊系統的部門，當時，空氣動力學只是汽車開發的配角，與身為主角之一的懸吊系統設計相比，難免會被視為無關緊要的領域。我這個剛進公司沒幾年的配角部門的小毛頭，竟然把腦筋動到主角身上，對方不發脾氣反而沒道理。

一般而言，遇到這種情況應該先暫時退讓，但當時的我不懂這種處世之道，儘管愚蠢，我依然鍥而不捨地反駁：「不，這麼做是必須的。」

這當然是在火上澆油。最後，董事一步也不肯退讓，他將我的設計圖駁回，命令我再重新提案。

「你應該再圓滑一點才對……」不只主管，就連其他部門的前輩也都很錯愕。懸吊系統的設計負責人原本答應了我的要求，但經過這次事件，他也心灰意冷，「雖然懸吊系統的性能完全沒有問題，但董事都這麼說了……」大家的努力就這樣化為泡影，我也因此消沉了一段時日。

然而，過了一年之後，就在我快要忘記這件事情時，意想不到的機會降臨了。

公司徵詢我調到F1團隊的意願，這是我夢寐以求的機會，我當然立刻答應了。但我也覺得相當不可思議，因為我的多益分數依然沒有長進，完全沒有達到進入F1團隊的標準。

「有印象的員工」與「其他多數人」

這個謎團要到很久之後才解開。

F1團隊中，有一位從日本派駐的資深工程師，那是一位充滿男子氣概，彷彿武士一般的前輩。他是我在那裡的精神導師，非常照顧我。我後來才從這位前輩口中聽到事情的原委。

當時，成績低迷的F1團隊，在空氣動力學方面迫切需要改善，但開發遇到瓶頸，只靠當地成員無法解決問題，只能期望總公司也派遣空氣動力學工程師來打破僵局。那時候提名我的，就是在會議中對我咆嘯「你到底在搞什麼」的董事。

他收到空氣動力學工程師的派遣要求時，曾經詢問那位武士般的前輩：「你覺得學者風格的優秀工程師，與英語完全不行、但很有活力的年輕人，哪個比較好？」

前輩聽了之後這麼回答：「賽車的世界相當嚴峻，過去開發市售車的經驗完全無法派上用場，既然如此，還是有活力的年輕人比較好。英語什麼的，來到這裡總有辦法解決。」

於是我就被調到F1團隊了。

老實說，這件事情讓我很吃驚。因為年輕氣盛的我，曾經觸犯過高層，所以我作夢也沒想到他會實現我的願望。前輩還說：「你的出言不遜，似乎讓他留下深刻的印象。」

這真的是一件值得慶幸的事，我至今依然對那位董事，以及武士工程師前輩懷著滿滿的感謝。

後來，我也成為管理者，逐漸能夠了解那位董事的想法。當負責的計畫越來越大，達到一定的規模，自然會擁有許多部下，我也會留心，盡可能公平地對待每一個人，但畢竟我也不完美，**印象深刻的部下與其他大多數的人，無論如何都會有差別。當有推薦的機會時，腦中浮現的一定是印象深刻的部下。**我想，這只要是人都無法避免。

純粹地追求工作，才會讓人留下印象

那麼，主管會對什麼樣的人留下印象呢？

我覺得是**一心一意面對工作的人**。純粹地追求工作，因為純粹，在某種意義上也代表不夠成熟，經常會在公司內部掀起風波。尤其是從0到1的計畫，需要突破既有框架的挑戰，難免會影響到其他部門，所以必定會發生摩擦，而這樣的人也必然會成為「出頭鳥」。

當然，像過去的我那樣，憨直到膽敢反抗董事也不正確。學會處世之道，盡可能避免摩擦還是很重要。

然而，工作最主要的目的終究不是為了避免摩擦，而是成功執行計畫。為了實現自己想破頭才得到的點子，付出純粹努力的人，儘管多少有點笨拙，有時出人意表，有時讓人又好氣又好笑，也一定會在高層心中留下印象。所以機會總有一天會降臨到這些人身上。

所以說，掌握機會的方法只有一個。那就是純粹地、專心致志地想辦法讓眼前的計畫成功。一旦決定執行自己好不容易想出的方法，就盡全力去實現，不要害怕當「出頭鳥」。

「出頭鳥」不只是槍桿子瞄準的目標，也是令人印象深刻的存在。

4▼不要用「謙虛」來逃避

──厚臉皮，才能獲得從 0 到 1 的經驗

不要想太多，先舉手就對了

謙虛確實是美德。如果沒有謙虛的態度，就不可能在組織裡實現從 0 到 1，因為公司裡所有工作都是靠團隊合作，如果不尊重對方的立場，誠摯地傾聽對方的意見，就不會有人願意助你一臂之力。

不過，我們也必須注意，因為「謙虛」這兩個字很可能成為自己逃避的藉口。從0到1，通常是超出自己能力的挑戰，失敗的風險也高，所以我們**很可能會把「謹慎」、「低調」當成自己逃避挑戰的藉口，選擇留在安全地帶。**

這是濫用謙虛。我反而覺得，積極到近乎厚臉皮的地步，對自己的職涯而言剛剛好。

回過頭來看，我算是個臉皮相當厚的人，只要我覺得：「我想試試看！」就會舉起手來，完全不經任何考慮。

譬如加入F1團隊。我的英語完全不行，連報名資格都不符合，但我還是想進F1團隊。所謂的謙虛，應該是先努力過，才說出自己的希望。我的態度已經超越厚臉皮，就算別人覺得我沒有自知之明，也是理所當然。

就算遲鈍如我，這點認知還是有的，但我無法將想進F1的願望壓抑在心底。別人怎麼看我是別人的事，如果覺得我不夠資格，對方也可以駁回，並不會給任何人帶來麻煩。婉拒這樣的機會，或許只是因為害怕被拒絕而裝模作樣而已。就算不夠資格，也應該表明自己的意願，否則願望實現的可能性將趨近於零。所以我覺得，不主動舉手就太可惜了。

就是因為我在那個時候厚臉皮地舉手，才吸引高層的注意，最後幸運取得通往F1的門票。

只想待在「安全地帶」，絕對無法成長

當然，挑戰超出自己的能力越多，就會越辛苦。

我在F1也吃了不少苦頭，畢竟這裡匯聚了來自世界各地、擁有豐富經驗的優秀工程師，必須把他們想不到的從0到1的點子化為具體，讓我感受到強烈的壓力。

我第一個遇到的阻礙便是英語，儘管我在赴歐之前已經固定在上英語會話課，多益的分數也進步到五百分，但這點程度在現場當然無法發揮作用。

我連日常對話都說不流利，更不用說要在開發現場交換意見。書面資料也全部都是英語，光是讀懂就很辛苦。除此之外，還必須熟讀用英語寫成的龐大複雜的規章，並牢牢記在腦中，這對我而言是一大障礙。

我也曾經因為太不甘心，忍不住流下眼淚。那是和某位工程師意見對立的時候，對方的主張在技術上是錯的，但我無法用英語適當地反駁。情緒越激動，說出來的英語就越不知所云。對方也知道這一點，態度更加強硬。我覺得難為情、不甘心，在不知不覺間流下眼淚，自己也嚇了一跳。

但就是因為經歷過許多次這樣的不甘心，我才能成功克服英語。「再這樣下去，我一定沒辦法在F1的世界存活下來」的緊迫感，與「我怎麼能繼續被壓著打」的叛逆心，這兩個想法成為我的原動力，我拚命地學英語，最後終於能與其他成員對等地討論事情。

除此之外，為了以技術力彌補溝通技巧的不足，我也更認真地面對自己擁有的技術。就像盲眼人的聽覺會比常人更敏銳一樣。就在我為了做出成果而埋首於工作時，也逐漸成為能夠獨當一面的工程師。

「不下水就學不會游泳。」

這句話一點也沒錯。**人如果一直待在「安全地帶」，就絕對無法成**

長。厚著臉皮進到超出自己能力的環境，在幾乎要溺水的時候，拚命掙扎而學會游泳的方法，我覺得這才是成長的鐵則。

拚命掙扎，「沒資格」也會變成「有資格」

「但要是真的溺水了怎麼辦呢？」

或許有人會這麼擔心。

近年來，我們接受的教育告訴我們「不要靠近危險地方」，如果父母採取這樣的教育方針，對於在這些父母的保護下成長的世代，這確實是一件需要擔心的事情。

但人類其實很堅強，面對痛苦，只要保持身心健康，多數的問題都能夠解決。說得更具體一點，**如果能夠好好睡覺，找回自己與生俱來的生命力，總會有辦法的**。只要不怕冒險，勇於挑戰，就會發現自己擁有你所不知道的力量。想出解決方法，或是找人商量得到幫助等等，你會看見許許多多的對策。在公司裡工作的人，只要還有生命力，不會那麼容易溺水。

再說，就算因為快要溺水而不得不撤退，也不用擔心會因此而被公司開除。只要拚命努力，就能夠再度得到機會。

既然如此，還需要客氣嗎？當然要厚著臉皮要求超出自己能力的挑戰。這麼一來，**你就會發現，有過好幾次差點溺水而拚命掙扎的經驗之後，過去「沒資格」的事情，也會變成「有資格」。累積這樣的經驗，就可以培養出更大的膽量來面對更大的挑戰。**

我很幸運，在豐田汽車，公司給了我多次機會，讓我做超乎自己能力的挑戰，若非如此，我想自己應該也不會有機會加入並帶領 Pepper 的開發團隊。

當孫正義開口要我到軟體銀行開發機器人，我立刻回答：「好！」這個判斷幾乎是動物的直覺。說不擔心是騙人的，畢竟能夠評估勝算的資訊還太少。但就算失敗，也是難得的經驗，我會答應，除此之外也沒有其他理由了。

換句話說，我只憑好奇心與膽量就接下挑戰。我會做出這樣的判斷，也是因為我在豐田汽車就不斷累積挑戰的經驗，而不管「有沒有資格」。

機會轉瞬即逝

如果那個時候我猶豫不決，回答他：「我沒做過機器人，等我考慮過再回覆您……」或是「可以請問詳細的商業模式嗎？」孫正義還會把這個計畫交給我嗎？

這是軟體銀行空前絕後的重大計畫，怎麼可能交給沒有自信的人呢。比我優秀的工程師在這個世界上多如牛毛，軟體銀行既有名聲也有財力，想挖角多少優秀的人才都沒有問題，如果到時候由其他人開發出Pepper，失去這個機會，我絕對會後悔得捶胸頓足，那個時候就為時已晚了。

「機會之神只有瀏海。」

這句西歐諺語說的一點也沒錯，機會轉瞬即逝，如果不立刻把握，溜走的機會再也不會回來。

所以，不要用「謙虛」來逃避。**無論是多麼超出自己能力的挑戰，只要它挑起了你的好奇心，就不要猶豫，自告奮勇地舉起手來就對了。**

這份厚臉皮將帶來機會，為我們開闢從 0 到 1 的職涯。

5▼成為掀起波瀾的「鯰魚」

——沒有衝突的地方，不會產生從0到1

為什麼凡爾賽宮的鯉魚都圓滾滾的？

我加入F1團隊而前往德國時，聽到一個有趣的故事。這個故事說的是凡爾賽宮的鯉魚。

很久以前，凡爾賽宮庭院的水池裡養了許多美麗的鯉魚，貴族們都喜歡欣賞鯉魚在水裡悠游的身影。後來，有人偶然目擊到鳥吃鯉魚的情景，於是，人們為了保護重要的鯉魚設置了防護網，也重新整理環境，讓鯉魚能安心地悠游。

然而，不知道為什麼，鯉魚卻不再游了，牠們總是懶洋洋地待在岩石的陰影中等待飼料。過沒多久，運動不足的鯉魚就胖得圓滾滾的，變得相當難看。貴族們懷念鯉魚從前優雅的姿態，還會低聲抱怨：「最近鯉魚怎麼胖得不成樣……」

該怎麼做才能找回鯉魚過去優美的身影呢？

人們嘗試了各種方法，卻都沒有顯著的效果。直到某次，有個方法驚人地改善了狀況。

這個方法非常有趣，竟然是在池子裡放入一隻鯰魚。鯰魚是鯉魚的天敵，從放進池子的那一瞬間開始，鯉魚全都產生了警覺心，開始拚命地游動。不久之後，鯉魚就恢復了過去優美的身型。

人們因為珍惜鯉魚而打理環境，排除天敵，這麼做卻讓鯉魚的身型變了樣。為了讓鯉魚保持健康和優美，天敵的存在不可或缺。

人類的組織不也是如此嗎？假設一家新創企業開發出熱門商品，獲得某種程度的成功，這家企業想必會為了持續且穩定地供應高品質的商品，充實設備，制定標準作業流程，也會為了僱用更多員工，建立完善的人事制度並充實的公司福利吧。像這樣將環境打理好之後，事業也會穩定下來。

然而，大部分的情況下，這種如同「凡爾賽宮的水池」的環境，也會產生反作用。過去在草創期的時候，團隊成員為了開發出熱門商品而展開激烈的討論，從早到晚拚命工作的企業文化逐漸消失，開始有越來越多的人把穩定、有效率地推動事業當成第一要務，認為遵守制定好的流程最重要。

而且，在事業穩定化的過程中，往往會把心力傾注在打造排除失誤的體制，「不失敗」甚至在不知不覺間成為優秀的證明。如此一來，員工自然也不再有動機挑戰高失敗風險的從0到1。

只要主張自己覺得「正確」的事情，夥伴就會出現

我覺得F1團隊就像「凡爾賽宮的水池」。這個團隊聚集了來自全世界的菁英，我的想像中，這裡應該瀰漫著高手交鋒的緊張感。但事實上，團隊裡熱血的討論比想像中少，大家都一心一意地朝著原有路線

指示的方向努力。聚集在這裡的明明應該是調皮的大人，但大家都莫名地展現出成熟與圓融。我在團隊裡感受不到健康的衝突，只覺得整個團隊似乎受到某種既定的規則支配。

除此之外，我也感到整個團隊的氣氛很低迷，大家似乎覺得不管自己做什麼都無法改變現狀，就像排名永遠在中間的團隊常會有的那種感覺。換句話說，就是安於現狀。這個狀態彷彿就像凡爾賽宮的鯉魚，既然如此，我覺得自己必須成為鯰魚，攪亂這平靜的水面。

當然，我也不是沒來由地挑起紛爭。**我只是強烈主張自己覺得正確的想法，無論支持這個意見的人有多麼少數**。我雖然是F1的外行人，但我會用自己的方式仔細思考，如果覺得一個點子可行，就毫不畏懼地大聲說出來；如果覺得團隊的判斷錯誤，也直接點出來。我希望自己可以徹底做到這些說起來理所當然的事情。

機會很快就來了。

我設計的前翼遭到資深工程師強烈反對，原因是形狀「不優美」。他們主張，自然界中會飛的生物都呈現出優美的形狀。形狀不優美，就代表在空氣動力學上性能不佳，才無法存活下來。他們的說法或許是真理，而且我提出的前翼設計，確實造型笨拙。

但我會這樣設計有明確的理由。所有的F1團隊都有義務遵守規章，根據裡面的規定，想要實現我的點子，無論如何都必須將某些部分彎曲成笨拙的形狀。所以我正面提出反駁，我主張人類制定的規章本來就不自然，所以，為了遵守規章而設計出不自然的形狀，反而才自然不是嗎？

當然，電腦模擬的分析已經證明了這個前翼設計儘管造型笨拙，效果卻很好。而且這裡的每一個人都很清楚規章的規定，所以我反而能夠確信，這是其他團隊絕對想不到的設計。

然而，幾乎所有的資深工程師都反對我這個F1菜鳥的主張。但不可思議的是，我並沒有被孤立。團隊裡出現了認同我的態度的夥伴，幫助我實現想法，這讓我非常開心，而且，最後還決定將這個前翼實際安裝在比賽用車上。採用了這個笨拙前翼的比賽，竟然讓團隊第一次站上頒獎台。

這件事情似乎為一起工作的成員帶來一定程度的衝擊。像我這樣連英語都說不好的新人，竟然可以在資深工程師的反對下堅持到底，而且還留下了成果。其他人看到我的例子，當然會產生自信，覺得：「我也做得到。」甚至還出現熱血的人，堅持把我設計的笨拙前翼修改成更簡練的形狀。

團隊內也有越來越多直率討論的機會，雖然改變的速度緩慢，但我開始能夠在一些場面中感受到組織的活化。

「批判」能夠磨練想法

當鯰魚難免會遭受批判。鯰魚會試圖破壞團隊的規則，遭受批判也是理所當然的事情。而且，堅持提出從0到1的創新想法，更是如此。從0到1，多半會跳脫主管與同事的常識，甚至是業界的常識。我幾乎可以斷言，一個點子如果不到會遭受批判的程度，就稱不上是從0到1。

遭受批判當然很痛苦，但這是創新不可或缺的過程。因為所有能夠發展出從0到1的點子，都只是「假說」。**透過批判與直率的討論來檢驗假說，提高假說的精準度，是絕對必要的過程。**

面對批判的第一要務，就是將周圍的質疑置之度外，理直氣壯地主張自己覺得正確的想法。如果害怕批判而將「尖銳的點子」磨圓，就無法經歷正確的驗證過程。

無論批判多麼嚴厲，只要不是人身攻擊，都應該冷靜接受。不習慣的人面對這種情況會變得激動，想要情緒性地反駁，但這樣只會讓討論在傷害彼此中結束。

與其情緒性地反駁，這個時候應該先接受所有的批判與意見。客觀地接受情緒化的對手與受挫的自己，並且冷靜地掌握狀況。這個能夠客觀看待自己的方法，稱為「後設認知」。

全部接受之後，再一一驗證，為了達成計畫的目的，是否應該接受這個批判。批判本身不一定正確，但不少批判中都隱藏了線索，能夠為我們帶來自己原本忽略的觀點。我們除了感謝對方之外，也必須接受從批判中得到的啟示，修正最初的想法。一開始的點子在這個過程中就會被磨得越來越精準。

另一方面，經過仔細思考之後，如果依然覺得這個批判沒有道理，就算批判者是主管或多數派，也應該溫和而堅持地貫徹自己的主張，不能在批判中敗退。經過客觀檢驗的想法，一定會變得更強韌，更有說服力，更能抵抗批評。

所以，如果立志實現從0到1，就要懷著自己率先成為鯰魚的覺悟。這麼做雖然會帶來衝突，但同時也能獲得磨練想法的機會，而且還能防止組織墮落成為「凡爾賽宮的水池」。

6▼跨越恐懼的「障礙」

——陷入恐懼，將招來嚴重的風險

不需要否定「恐懼」

從0到1總是伴隨著恐懼。因為從0到1是挑戰沒有人做過的事情，失敗的機率當然也高。

「這麼做會不會造成公司的損失？」

「雖然是為了公司，但會不會只有甘冒風險的自己被當成傻瓜？」

「我的考績會不會下滑？」

「最後吃虧的還是我吧？」

大家會因為這些不安，害怕踏出最初的一步。這種恐懼，或許是從0到1的最大障礙。

回想起來，我自己在挑戰從0到1的時候總是很害怕，譬如在毫無實績的情況下加入LFA團隊的時候、連英語都說不好就被調到F1團隊的時候、從豐田汽車跳槽到軟體銀行的時候……當然現在也是，靠著自己的雙手創業是前所未有的體驗，而且有著從前在公司時遠遠比不上的風險，會感到恐懼是理所當然的。

我也不覺得光靠意志力就能克服恐懼，因為可怕的事情就是可怕。不能害怕失敗，我們常會聽到這樣的說法，但失敗是任何人都會害怕的事情，是人類的自然反應。就算想靠意志力克服，也只不過是勉強自己忍耐，讓問題延後發生而已。

那麼，該怎麼辦呢？

我會試著客觀看待自己的恐懼，觀察自己的情緒、想法，以及最後採取的行動，就像在看電影中的角色一樣，也就是運用「後設認知」的方法，把自己當成別人看待，「他現在正覺得害怕……」並且試著設想：「他為什麼會覺得害怕呢？」

光是這麼做，就能讓自己稍微冷靜下來。如果一直覺得「好可怕、好可怕」，我們會被恐懼吞噬而動彈不得。試著站在客觀的角度觀察覺得恐懼的自己，就能從這樣的情緒中抽離。以這種方式冷靜下來，是克服恐懼的第一步。

抽離情緒，專注在該做的事情上

讓自己冷靜下來，抽離情緒之後，再開始分析狀況。

舉例來說，我在離開豐田汽車的時候內心充滿了不安與恐懼。當孫正義開口要我到軟體銀行的時候，我憑著一股衝動就答應了，當時還覺得沒什麼，但後來設想了各種情況，我開始感到害怕。

於是，我思考了以下的問題：

「他為什麼會覺得害怕呢？」

「他在豐田汽車多少累積了一點實績和地位，卻要在這個時候放棄前景相對明朗的穩定生活，投身前景不明的新環境，確實很可怕。而且，他在機器人方面完全是門外漢，沒有任何確切的證據可以證明他做得到。如果Pepper開發失敗了，他在軟體銀行會失去立足之地吧。所以離開豐田汽車這個穩定企業的庇護，是一件可怕的事情。」

「如果不跳槽又會有什麼風險呢？」

「最大的風險就是將來會後悔。Pepper是他打從心底覺得興奮的計畫，如果主動放棄，看著別人來實現，一定會後悔一輩子。『將能夠與人類心靈交流的機器人普及化』，這種從0到1的挑戰，不會隨隨便便就出現，應該可以從中獲得別處得不到的經驗知識。要是一開始就放棄這樣的機會，實在太可惜了。

「投身新的環境確實很可怕，我記得自己剛畢業進入豐田汽車時，也有過同樣的感受。我還不了解自己的能力就投身豐田汽車，也累積出今天的成績，所以，在軟體銀行也只要重複同樣的過程就可以了，不是嗎？就算在機器人方面是門外漢，但就『製造』這點而言，機器人與汽車並沒有差別，一定可以活用過去累積的知識，也一定能夠提供只有門外漢才會注意到的觀點。

「當然，最後也可能會失敗，但在現在這個時代，又不會因為工作失敗就丟掉性命。說不定還會因為豐田汽車的經驗加上Pepper的經驗，激發了潛能，就算離開軟體銀行，也一定能夠找到棲身之所。而且，就算發生什麼事情，只要降低生活水準，養家應該也不會有問題。」

我就像這樣冷靜地思考優缺點。

於是我了解，離開豐田汽車，絕對不是賭上性命的無謀之舉。雖然恐懼依然存在，卻讓我抱持著大不了重新來過的覺悟，堅定地接受挑戰。

接著我轉為思考：「我現在可以做什麼？」

目前最重要的是將所有精力集中在Pepper上。因為背負著風險，一秒鐘也不能浪費，為了將所有精力都傾注於工作，我認為首先應該減少通勤的消耗，於是，我從尋找軟體銀行徒步圈內的公寓著手。

像這樣專注在現在能做的事情，並轉換成行動，讓我克服了自己的恐懼。**只要展開行動，就算只是小事情，也能意外地讓原本怎麼想都消除不了的恐懼變得不再可怕了。**

不要相信「幻想」出來的恐懼

話說回來，我原本就認為不能太相信恐懼。

人類為什麼會本能地對未知的事物懷抱著恐懼呢？我認為，恐懼是生物為了存活下來所必需的機能。

當人類還是類人猿的時候，或許和其他動物一樣，如果沒有對未知的事物懷抱著強烈的恐懼，就無法存活下來。舉例來說，原本生活在叢林中的類人猿，不小心來到視野遼闊的平原上，大概一下子就會被兇猛的肉食動物吞食。在充滿危險的世界中，必須透過恐懼這種感應器來抑制行動，或者應該說，只有具備恐懼心的物種才能存活下來。

然而，人類在這數千年來建構了文明的社會，獲得了過去完全比不上的安全環境。對未知的事物感到恐懼這項本能，可能已經背離了實際的風險。

人類的歷史長達數十萬年，經過如此長時間建立起的恐懼本能，已經成為刻劃在DNA裡的生存機能，不太可能才過幾千年就有適當的調整。所以我認為，人類極有可能感受到過度的恐懼。換句話說，陷入過度的恐懼，就像是被幻想所誤導。

恐懼當然是重要的訊號。當我們有過各種嘗試，累積了多次的失敗經驗之後，在挑戰新事物的過程中也會有預感：「再這樣下去可能會有危險……」「這麼做應該不會順利吧？」這種以經驗為後盾的恐懼，是讓我們直覺地避開危險的重要訊號。也是因為有這樣的恐懼，我們才會謹慎而細心地行動，最後提高成功的機率。

我們必須小心的是沒有經驗為後盾，純粹「幻想」出來的恐懼。陷入這樣的恐懼中，我們會不敢背負其實可以容忍的風險，導致行動起來綁手綁腳，這樣反而危險。**因為經驗可以鍛鍊人類的大腦，如果因為害怕幻想出來的恐懼，而避開原本應該可以獲得的經驗，就無法培養出準確的預測力，這是主動削弱自己實現從0到1的能力。**

在討論成功或失敗之前，「不行動」伴隨著更大的風險。

從0到1，經常都是未知的事物，會害怕也是理所當然，但不能過度相信這種恐懼。透過「後設認知」，我們可以冷靜地評估實際的風險。最重要的是，當我們了解其中的風險是可以承受的，就應該毅然決然地接受挑戰。

一開始可以從比較小的風險開始練習。無論成功或失敗，只要徹底完成挑戰，就能夠累積寶貴的經驗知識。**這個經驗知識的總量，就是我們實現從0到1的力量。**

Chapter 2

「潛意識」是從0到1的主戰場

ゼロイチの主戦場は「無意識」である

7▼越多「不滿」的人，越適合創新

——在「不滿」與「不對勁」中，隱藏著驚人的從0到1

「不滿」是重要訊號

喜歡抱怨的人，評價通常都不太好。有些人不管做什麼事情都一堆抱怨，與這樣的人共事確實很討厭。我也從來沒有看過整天抱怨工作的人做出什麼出色的成績，或許是因為經常抱怨的人，也是在對自己下負面的詛咒吧。

儘管如此，我們也不應該否定不滿的感受。

「理性來看，一定會覺得不滿的吧？」世界上原本存在這樣的事情，壓抑這種「合理的不滿」會損害心理健康。而且我覺得，越常感受到這種不滿的人，越適合從0到1的工作。

會覺得不滿，代表察覺到這個世界不對勁的地方，是感官敏銳的證據。我們之所以會覺得不滿或不對勁，是因為當下存在著不適當，或者不管怎麼想都不合理、不方便的事物，譬如缺了什麼或多了什麼。既然如此，只要把這個「什麼」修改成最適當的形式就好。當我們解決了這個不滿或不對勁，就等於實現了從0到1。

換句話說，**不滿與不對勁是從0到1的重要訊號**。

所以，我很重視日常生活中感受到的不滿或不對勁。譬如皮夾，不知道為什麼，我非常討厭皮夾變厚。雖然可以用皮夾厚代表裝了很多錢來安慰自己，但事實並非如此，原本扁扁的皮夾，只不過塞了一堆卡片等雜物，就一下子變厚了。又厚又重的皮夾，裝進褲子的口袋會變得很難看。而且，要同時帶著鑰匙包與錢包也很麻煩。

皮夾弄丟的時候最慘，必須聯絡銀行、信用卡公司、駕照的發照單位等許許多多的機構，辦理幾乎令人生厭的繁雜手續。所以我每次拿起皮夾，都會在心底嘮嘮叨叨地抱怨……

深究「不滿」，就能帶來創意

某天，我產生了一個疑問：「話說回來，我為什麼需要隨身攜帶錢包呢？」

於是我恍然大悟，隨身攜帶錢包的理由，簡單來說，就是因為自己無法證明自己的身分。

這是什麼意思呢？我的銀行帳戶裡存著自己的錢，但我無法證明擁有銀行帳戶的「林要」，與現在準備在櫃台結帳的是同一個人，所以我只好隨身帶著錢。

信用卡也是同樣的道理，我為了證明自己就是在信用卡公司登錄的「林要」，只好隨身帶著信用卡；鑰匙也是如此，隨身帶著鑰匙，是為了證明屋主「林要」與自己是同一個人。

換句話說，如果不需要依靠金錢、信用卡、鑰匙等物體就能證明自己的身分，就不再需要這些東西。既然如此，用自己的身體來證明就好了。譬如銀行也會使用的生物識別技術，只要想辦法把這個技術修改得更簡單、更安全，就能將我的不滿完全解決。世界上絕大多數的人應該也都有同樣的不滿，只是沒有意識到。

這當中存在著從 0 到 1。我看準這點，檢討現有的識別技術的問題，並且申請解決問題的專利，最後還將這個專利寫成事業計畫，在軟體銀行學院發表。

不擅長面對人群的我，每次簡報都覺得苦不堪言，但這是從我的真實情緒發展出來的計畫，進行簡報時也投入了我的實際感受，最後連孫正義也聽得入迷，甚至還選入評估事業化可能性。

但很可惜，這個事業計畫因為初期投資金額過大，公司最後放棄執行。但這次的簡報在軟體銀行學院獲得很好的評價，讓我深刻感受到，根據自己切身的不滿與不對勁所製作的事業計畫，能夠讓人們也感同深受，與根據市場分析提出的顧問式事業計畫，威力完全不同。

不能認定「沒辦法，本來就是這樣」

日常的工作也一樣。我喜歡汽車，一有機會就會試乘各種車輛，不論大車還是小車。試乘時，除了感動與愉悅等正面情緒之外，我也會仔細留意不滿與不對勁等負面情緒，無論多麼細微都不放過。我也會在日常生活中思考：「該怎麼做才能解決不滿呢？」這為我在豐田汽車的工作帶來非常大的啟示。

在開發 Pepper 的時候也是如此。我加入團隊之後，首先做的第一件事情，就是盡可能實際接觸許許多多的機器人，並且用一個外行人的感覺去體驗，譬如單純覺得：「看起來好像有點可怕，不太可愛……」或是「我知道這項技術很厲害，但我不會想用……」如果沒有這樣的體驗，我就無法具體掌握要將 Pepper 做成什麼樣的機器人，市場才會接受。

所以我們不能否定不滿。忽視自己感受到的不滿，認定「這東西本來就是這樣」，反而是更嚴重的問題。如果我覺得：「沒辦法，皮夾本來就是這樣。」接下來就不會產生任何想法。

當然，陷入不滿當中，一直煩躁下去也不行，這樣只會讓人生變得消極吧。重要的是，要把感受到的不滿與不對勁當成思考的契機。

「我為什麼會覺得不滿呢？」

「該怎麼做才能消除找這種不對勁的感覺呢？」

我想，只要把這種思考模式當成習慣，深入挖掘，一定能在最後看見從0到1的創意。

個人的「不滿」與「不對勁」才值得重視

而且我覺得，只有個人的不滿與不對勁才有價值。因為個人的不滿與不對勁才具備個性。我的皮夾或許就是很好的例子。

「大概只有我會在意這種事情……」

「可能是我太在意了……」

「我或許只是小眾……」

會讓自己產生這些想法的不滿與不對勁，隱藏著其他人沒有注意到的線索。我覺得，這種地方才存在通往從0到1的道路。

雖然這些不滿與不對勁只是個人的感受，但只要是發自內心深處的感受，其他人心底也應該隱藏著類似的感覺。我想，只要以自己的不滿與不對勁為線索，察覺大家的不滿，並且找出解決的方法，一定能讓很多人開心。

懷著這樣的想法，人生就會變得不一樣。

我們每天都在無數的不滿與不對勁中生活。但是，每一次感受到的不滿與不對勁都是寶物，從中可以拓展出無數的發想。在這些發想中，隱藏著驚人的從 0 到 1。

光是這麼想，就讓我興奮不已。

8 ▼「限制條件」是創意的泉源

——完全自由的地方，不會產生從0到1

有「限制」，才會開始「動腦」

「沒有自由，就沒辦法發揮創意。」

雖然常常聽到這句話，但是我覺得這句話說錯了。我反而覺得，創造新事物時，「限制條件」很重要。

釐清條件限制，是發揮創意的第一步。

教會我這件事的是一位汽車設計師。那是我在豐田汽車參與LFA開發的時候，我希望做出前所未見的設計，於是對設計師說：「不需要考慮技術上的條件，請自由地發想。」

我希望設計師能夠在拋開限制的空白狀態下，自由地發揮，這樣設計師應該也會比較容易工作。我以為自由的環境，一定能夠讓他創造出前所未有的嶄新設計。然而工作卻一直沒有進展，我等了又等，設計師還是沒有提出方案。

就在我覺得奇怪的時候，設計師一臉煩惱地來找我，向我求助：「隨便什麼條件都好，請給我一點技術上方向正確的限制條件。」

他的要求讓我相當驚訝。

當時我身為空氣動力學工程師，經常與限制奮戰。就是因為自己常常覺得不自由，才要設計師拋開限制思考。我一直以為，自由才有辦法發揮創造力，沒想到設計師卻要我給他「限制條件」。

這到底是怎麼一回事？

不過，我回想自己的工作之後，就知道原因了。

我也是因為有限制，才能想出點子。對空氣動力學工程師而言，汽車就是一堆限制的集合體。譬如，汽車一定要有載人的空間，所以從側面看，汽車中央的部分一定會隆起，因為人就坐在裡面。但是在空氣動力學上，這個隆起的部分會產生「浮力」。我在ＬＦＡ團隊中的任務，就是利用空氣動力學的原理，創造出另一股將車體往下壓的「下壓力」，這時，汽車中央隆起的形狀就成了很大的限制。

然而，就是因為這樣我才會開始思考。如果不想出克服這個限制的點子，我就一步也無法前進。換句話說，我必須以限制為起點來思考。

舉例來說，要產生下壓力，最簡單的方法就是裝上尾翼，但是要符合首席工程師對ＬＦＡ的期望——一部優雅的超跑，於是我提出可動式尾翼的方案。但光是這樣，只會在車輛後方產生下壓力，造成不平衡，為了讓車輛整體產生下壓力，還必須利用車體與地面之間的氣流……

像這樣**將好幾個限制條件累積起來，思考的焦點就會越來越明確**。而且，讓大腦持續在壓力下思考，就能靈光一現，「就是這個！」得到點子。

反過來說，人類的大腦似乎具備這樣的性質，如果沒有適當的限制條件，就無法鎖定思考的焦點，會逐漸變得不知所措。

這次的經驗讓我深刻體會到，限制才是創意的泉源。我原本以為，限制只會讓人苦惱，但仔細想想就會發現，有限制，才能帶給我們思考的契機。

釐清「限制條件」，是從0到1的第一步

自此之後，**當我開始一項新工作時，一定會從釐清限制條件開始著手。**

這對從0到1而言更是必要。從0到1沒有前例可循，乍看之下似乎很自由，擁有無限可能，但如此一來，也無法確定思考的方向，往往會讓計畫陷入迷航。

Peppr在最一開始的時候也曾經陷入這樣的狀態。「將能夠與人類心靈交流的機器人普及化」，孫正義給的這個任務非常有魅力，團隊成員也都很踴躍地提供一個又一個的點子。但是，因為這個任務實在太宏大，最後這些點子也變得無法收束。

如果把焦點擺在「與人類心靈交流」的部分，就會出現「可以陪人類聊天的機器人」、「能夠與人類情感交流的機器人」、「會從日常溝通中學習、成長的機器人」之類的點子；如果把焦點擺在「普及化」，則會出現「會幫忙做家事的機器人」、「會把啤酒從冰箱裡拿過來的機器人」、「外出時的保全機器人」等等能夠讓機器人更容易銷售出去的點子。

雖然每個點子都很有魅力，但如果把這所有的功能集中起來，Pepper就會變成像「原子小金剛」一樣的機器人，換句話說，只會讓這個計畫變成現階段不可能實現的「夢幻企畫」。

「限制」不是創意的絆腳石，而是墊腳石

所以我把限制條件變得更明確：

「目前人工智慧與機器人技術的極限在哪裡？」

「為了讓市場接受，必須具備那些要素？」

「能夠投入多少成本與開發費用？」

「在Pepper開始銷售的最後期限之前，可以做到哪些事？」

釐清這些限制條件之後，就會知道現階段做得到的事情是多麼有限。

話說回來，在那個時候，世界上還未曾出現過自主運作（不需要有人在一旁操作或監視，機器人會自己判斷、運作）的大型機器人進入一般生活的例子。因為真人大小的機器人是由大型馬達堆積而成，還要加上安全設計，才能避免傷到人，在技術上非常困難。在設定目標時，如果忽略這點，一下子就跳到會幫忙做家事的實用機器人，非常不實際。我認為，首先應該以能夠兼顧安全性的自主運作機器人為目標。

再者，目前人工智慧的技術還不足以讓機器人擁有意識，所以機器人也很難擁有等同於人類的溝通能力，這也是很大的限制。但是我們必須在這些限制中，做出「能夠與人類心靈交流的機器人」。

那麼，什麼是「心靈交流」呢？

我是這麼想的，世界上有很多會幫汽車或自行車取名字的人，或是會對布偶說話的人，我並不認為這些人覺得汽車或布偶能夠理解人類的語言或想法，但是他們對待物品的方式，就好像把物品當成人類一樣。這種時候，他們在心裡應該覺得自己與汽車或布偶心靈相通。

那麼，人類在什麼時候會對物品抱著這樣的想法呢？

應該是在對這個物品很著迷的時候吧。我自己一直都是個深深為汽車和自行車著迷的人，所以非常清楚這種感覺。當我打從心底喜愛一輛車的時候，這輛車在我心中的地位將超越單純的零件組合，我甚至覺得自己與它心靈相通。

既然如此，我們就要讓消費者喜歡 Pepper。當人們覺得 Pepper「可愛」、「有趣」的時候，就會對它產生感情，這樣的經驗累積下來，應該可以讓人們覺得 Pepper 與自己心靈相通。

真人大小的人型機器人雖然也曾經出現過，但大多都是研究單位為了展示技術，發表高度的控制功能。像 Pepper 這樣著重在文化面向的機器人是前所未見，所以我確信：「這個史無前例的點子一定有機會！」Pepper 的概念就這樣逐漸變得明確。

換句話說，就是因為現在的機器人技術與人工智慧有強烈的限制條件，這個點子才得以誕生。所以我認為，限制是創造力的泉源。

釐清限制條件，才能發揮高品質的創造力。當我們找不到創意的線索而束手無策時，就要徹底釐清限制條件，找出做得到的事情。這麼一來，大腦才會為了在有限的條件中擠出創意而開始運作，尋找突破點。

「限制」不是創意的絆腳石，而是讓創意飛躍的墊腳石。

9▼專業的「外行人」最厲害

——半吊子的「專家」會破壞從0到1

「半吊子的專家」是最麻煩的存在

「半吊子的專家」，我覺得，對從0到1而言，沒有比這更麻煩的存在了。

每個商業人士當然都必須磨練純熟的專業知識與專業技術，但如果以半吊子的態度面對工作，原本具備的專業知識反而會成為阻礙。如果從事的是從 0 到 1 的計畫，這甚至可能帶來不良影響。

因為從 0 到 1 做的是不同於以往的事情。因為不同於以往，所以當然有失敗的風險。專家可以清楚看見這些風險，這是一件好事，事先將風險篩選出來，就能採取適當對策。然而，**半吊子的專家會在這個時候開始列出做不到的理由**。因為是專家，列出來的理由可能無窮無盡，最後使從 0 到 1 的計畫陷入迷航。

當然，專家的知識有時候也很重要，能夠幫助我們即早看清不可能實現的計畫。但是從 0 到 1 的計畫，原本就是成功與失敗只有一線之隔的挑戰，沒有失敗風險的從 0 到 1 是天方夜譚。

既然如此，**全力追求做得到的可能性是第一要務。只是列出做不到的理由，不可能創造出任何事物。**

那麼，「半吊子的專家」是怎麼來的呢？

我想，這終究是面對工作時的態度問題。

所有工作的目的，都是為了產生某種價值。為了創造這種價值而竭盡全力，才是專業的態度。但是態度只有半吊子的人，會基於「只想要安撫相關人員」、「不想讓自己的經歷留下汙點」、「不想花工夫收拾殘局」等理由，從既有做事方法的框架中，找出最不麻煩的選項。**比起「創造價值」，他們更執著於「順利完成工作」**。

於是，他們開始把專業知識當成藉口，而且麻煩的是，他們自以為這麼做是為了計畫好，所以這個藉口也就充滿熱情。但這麼做是本末倒置，**專業知識只是創造價值的「工具」，如果沒有搞清楚這點，將會使專業知識變成從 0 到 1 的障礙。**

專家會有「思考的死角」

專家也容易落入陷阱。**自己一直以來追求的專業，可能在不知不覺間成為發想的枷鎖。**

「加州捲壽司」就是很好的例子。我認為，在日本接受磨練的壽司師傅，不可能想出這個從0到1的點子。這也是理所當然，因為對他們來說，加州捲不是壽司。對壽司師傅來說，這種食物是邪門歪道，他們在心理上有抗拒感，自然會下意識地排除這個選項。事實上，日本似乎一直到現在都不承認加州捲是正式的壽司。

我一點也沒有要批評的意思，身為日本人的我，心底的某個角落也不希望「正統派壽司」的世界鬆動。但加州捲已經是全球的普遍認知，也是獲得全世界喜愛的經典款壽司之一。

換句話說，**專家正因為是專家，所以容易產生「思考的死角」，而且多數的情況下，從0到1的創意就沉睡在這個「思考的死角」中。**如果對這點沒有自覺，自己的專業反而可能成為創新時的重大阻礙。

另一方面，加州捲是如何誕生的呢？

答案很簡單，就是透過「外行人的眼光」來思考。

海外顧客是壽司的外行人，對他們來說，用黑色海苔捲起來的食物看起來不太美味。為了讓菜色能夠迎合這些顧客「外行人的眼光」，開發時想必經歷了無數次的失敗與迷惘，最後才得到這個答案吧。

「專家＋外行人」的雙重性格才是專業的保證

「外行人的眼光」，在思考從 0 到 1 時，這是非常重要的關鍵字。

專業會產生「思考的死角」，唯有「外行人的眼光」才有辦法突破這個兩難的困境。

就這層意義而言，我或許可以說是相當幸運。因為我自從進入豐田汽車之後，一直到現在，每隔三、四年就會換一次負責的業務，每次的領域都不同。不知道該說是好還是壞，總之，我無法徹底成為專家，我總是帶著外行人眼光面對新工作，從 0 開始做出成果。

開發 Pepper 的時候也是如此。

如果我是機器人專家，做出來的成果想必會與現在的 Pepper 完全不同。我或許會投入最先進的 CPU、高價的感應器與馬達，以高規格、展示高度技術的機器人為目標。如果我的目標是這種機器人，造價難免會提高，而且偏離一般使用者的需求，這麼一來，我就無法達成孫正義交付的任務——「將能夠與人類心靈交流的機器人普及化」。所以我思考的是如何透過現有技術的組合，做出會讓一般使用者開心的機器人，而不是鎖定最先進的機器人技術。

最後我想到的是「創意師╳工程師」帶來的相乘效果。

我請創意師設計 Pepper 的使用者體驗，讓接觸 Pepper 的使用者都會覺得「可愛」、「有趣」，接著再與工程師將這個體驗的內容實際安裝在 Pepper 上，並且提出這樣的世界觀：「未來將建立一個不只專家，而是大家都能一起培育 Pepper 的平台。」

這個發想對於機器人專家而言，想必非常缺乏常識。我們將這個點子拿到市場上，果然也受到部分的機器人專家批評。但是我覺得，就因為Pepper的基礎是出自這樣的發想，才會讓許多的一般使用者接受，我也才能夠製造出第一款讓使用者看見夢想的人型機器人。

當然，Pepper還在從0到1的階段。從0到1的「1」代表的不是完成，頂多只能算是呱呱墜地的新生兒。今後如果採用最先進的技術，Pepper還有無限的成長空間。但是我確信，在目前這個沒有前例可循的階段，想看清楚什麼樣的機器人才能被市場接受，就不能缺少外行人的眼光。

各位想必已經注意到了，所謂外行人的眼光，就是使用者的眼光，也就是顧客的眼光。

我們開發的所有商品，最終目的都是為了讓使用者開心。「讓使用者開心」就是價值所在。所以，**儘管擁有專業知識，同時還得具備能夠站在使用者角度的「外行人眼光」，這樣的雙重性格才是專業的保證。**

所以，我是這麼想的：擁有專業意識的「外行人」最厲害。

10▼有「快感」的地方，才有創新

——專注追求「靈光一現」的快感

人是會靈光一現的生物

人是會靈光一現的生物。

「對了，就是這樣！」意想不到的點子會在瞬間浮現。

「對了，就是這個！」一直思考的問題會突然迎刃而解。

「你為什麼會想到這個點子呢？」如果有人問起，我們也無法好好回答，不知道為什麼就是突然有靈感。

我們在日常生活中總是反覆經歷這種有點不可思議，又帶著微微驚奇的體驗。舉例來說，在會議陷入僵局時，突然想到一個改變氣氛的笑話，這也是靈光一現。在做料理時，突然想到一項平常很少用的食材，或許適合入菜，這也是靈光一現。

這些雖然都只是微不足道的靈感，但靈光一現時腦內發生的現象，與牛頓發現萬有引力那一瞬間的「超偉大靈感」並沒有太大的差別。

據說我們的大腦有上百億個神經細胞，這些細胞交織成神經細胞網路。這個神經細胞網會在短短的〇．五秒左右，一口氣將過去儲存在腦內，但未曾產生關連的記憶（資訊）連結在一起。這個新的連結對大腦而言是新鮮的刺激，會釋放出神經傳導物質多巴胺。多巴胺是獎賞系統的神經傳導物質，當大腦釋放出多巴胺時，能夠獲得獎賞，也就是「快感」。所以靈光一現是一件爽快的事情，這是我們的大腦與生俱來的機制。

大家應該都曾經經歷過這樣的快感。「對了，就是這個！」「我懂了！」這種恍然大悟的感覺，不就是既強烈又深刻的快感嗎？

有「快感」的地方，才會產生從0到1

我認為，這種快感能夠帶來從0到1。

在「前所未有的東西」產生的過程中，會發生無數個從來沒有人遇過的問題，每當我們克服一個問題，都會湧現快感，覺得：「我做到了！」「我懂了！」「我想到了！」每一次的體驗，都可以說是小小的從0到1。

舉例來說，愛迪生發明燈泡雖然是「超偉大的從0到1」，但走到這一步的所有過程，想必也都是全新的體驗，過程中遇到的也都是全新的問題。**一個產品從0到1的過程中，就凝聚了許多小小的從0到1。**換句話說，燈泡這個產品是愛迪生累積了許多從0到1的成果。

想要解決這些「從來沒有人遇過的問題」，特別需要靈感。當邏輯思考得到的解決方法都不適用時，接下來的瞬間才是關鍵，這個瞬間將掌握從0到1的成敗。

然而，只是累積自己覺得理所當然的想法與事實，根據邏輯思考製造出來的產品，也很難稱得上是從0到1。要是做得到的話，顧問公司應該會成為從0到1的寶庫吧。

讓其他人驚訝的點子背後，應該有著不少連自己也覺得驚訝的靈感。

「腦內經常會發生意想不到的事情，靈感就是如此。這就是為什麼靈感總是會突然出現，帶給我們驚訝。」

這是腦科學家茂木健一郎的著作《靈感腦》當中的一節。他說的一點也沒錯，在我們的潛意識領域，經常會發生連我們自己都意想不到的事情，當這個「潛意識的思考」靈光乍現時，令我們驚訝的靈感就會降臨。我認為，從0到1的種子，就在這個瞬間誕生。

我們完全不需要把這當成什麼特殊現象或神蹟，這就只是一個理所當然的事實，因為我們的意識可以掌握的思考過程，也就是能夠化為言語的思考過程，只是大腦活動的一小部分，而我們也擁有無法化為言語的潛意識思考。靈光一現發生在潛意識的領域，所以才會經常令我們感到驚訝。

「意識思考」與「潛意識思考」是相輔相成的

靈感當然也不是從0到1的保證。事實剛好相反，大部分的靈感都像垃圾，沒辦法使用。

小時候曾經發生過一件令我至今難忘的事情。當時我拿著三條繩子在玩，突然靈光一現：「原來如此！這麼做就能將三條繩子編在一起！」我覺得自己完成了一項偉大的發明，興奮地跑到母親面前將編好的繩子拿給她看。但母親只是輕描淡寫地說：「喔，你學會三股編了呢。」雖然得到稱讚，但是知道自己並沒有完成什麼偉大的發明，我瞬間變得垂頭喪氣……

這其實是個有點平淡的回憶，但即使長大成人，靈光一現也是同一回事。就像擲一顆靈感骰子，骰子擲出去之後，或許會擲出「喔，這個不錯」的結果，但也會擲出「這個應該行不通」的結果。就算覺得「喔，這個不錯」，也可能是別人已經想過的點子，也可能在實際嘗試過後，發現完全派不上用場。靈光一現的不確定性就是這麼高。

所以，「意識思考」也很重要。著手進行從0到1的計畫時，當然不可缺少對過去實例的研究。我在開發Pepper的時候，我也盡可能徹底調查各式各樣的機器人，包括曾經試圖打入一般市場的機器人，以及截至當時為止開發出來的主要機器人，接著分析各個機器人具備什麼樣的特徵，一般市場的接受度如何。換句話說，我透過所謂的邏輯思考，整理過去實例的資訊。

透過這樣的過程，可以將既有的事物當成深化思考的出發點。如果能夠將既有的事物對應到思考地圖上，釐清地圖上的「空白地帶」，就能把這些資訊當成限制條件，鎖定思考的焦點，更容易誘發出從0到1的點子。

我們也可以透過「意識思考」（邏輯思考）來驗證源自於「潛意識思考」（靈光一現）的點子，判斷這個點子能不能派上用場，要不要賭一把。

由此可知，**「意識思考」與「潛意識思考」在從0到1中是相輔相成的。**

「潛意識」才是從 0 到 1 的主戰場

不過，從 0 到 1 的決定性要素還是「潛意識思考」。雖然「意識思考」可以作為靈感的輔助，卻很少直接產生從 0 到 1 的點子。

舉例來說，調查過去的實例固然重要，但這只不過是把別人已經做過的嘗試當成知識，輸入大腦。換個方式說，這種知識只要經過調查，每個人都可以取得。光憑這個過程，很難產生誰也沒想過的從 0 到 1 的點子。

我們很難透過邏輯思考得到從 0 到 1 的結果。根據《大辭林》辭典，邏輯是「思考的模式、法則」，換句話說，邏輯思考是「A 等於 B 而 B 等於 C，所以 A 等於 C」的思考模式，依循這樣的模式思考，只要過程正確，就可以導出正確答案。也就是說，採取邏輯思考，只能想出誰都想得到的結果，這也是理所當然。想透過邏輯思考想出從 0 到 1 的點子，雖然不是不可能，卻是非常沒有效率的方法。所以我認為，**「潛意識」才是從 0 到 1 的主戰場。**

訓練以邏輯思考為主的「意識思考」當然也很重要，但「潛意識思考」才能決定從 0 到 1 的成敗。換句話說，我認為從 0 到 1 的成功與否，取決於能夠將「靈光一現的能力」鍛鍊到多強大。

聽到我這麼說，一定有人會質疑：「靈感不是與生俱來的天賦嗎？」像牛頓、愛迪生、愛因斯坦這些偉人，他們的靈感強大到足以撼動人類歷史，只能用天才來形容他們。

但靈光一現的能力，卻是人類大腦的「標準功能」。就算只是微不足道的靈感，那也是靈光一現，任何人都有靈光一現的能力，既然如此，只要鍛鍊這項能力即可。所以我相信，任何人都能學會從 0 到 1。

不擲骰子，就絕對不可能「中獎」

想要學會從 0 到 1，有一個絕對必要的條件，那就是持續不斷地使用這項能力。換句話說，就是不斷地累積將靈光一現付諸實行的經驗。

讓我靈光一現的三股編，雖然不是偉大的發明，但我不能因此灰心喪志。將靈感的骰子擲出去，就算「沒有中獎」也無所謂。接連不斷地擲骰子，盡可能付諸實行，並確認結果，這麼做比有沒有中獎更重要。**因為如果不擲骰子，就絕對不可能「中獎」**。

有過幾次「中小獎」的經驗，就會慢慢地知道「有用的靈光一現」是什麼感覺，如此一來，就可以強化大腦在這方面的思考迴路。

牛頓與愛因斯坦這些天才應該也是這麼做的。我認為，他們不斷地擲出無數次「無用」的骰子，將大腦鍛鍊得更敏銳。IQ高的神童也不一定能夠成為偉大的發明家，不就從另一個角度證明了這件事嗎？

而且，靈光一現是人類本能的喜悅。大腦會在靈光一現的瞬間分泌多巴胺，讓我們獲得恍然大悟的「快感」。「對了，就是這個！」「我懂了！」這種恍然大悟的快感與其他的快感不同，永遠不會膩。我認為，對這種快感的追求，是人類本能的喜悅。

我之所以不斷地挑戰從0到1，或許就只是為了追求這種快感而已。當我靈光一現想出三股編，以為自己完成了一項偉大的發明，興奮地跑去找母親時的雀躍，與開發LFA、F1、Pepper時感受到的雀躍，在本質上並沒有什麼不同。身為凡夫俗子的我，在開發過程中持續經歷的苦戰，也一步步地鍛鍊自己「靈光一現的能力」。

11▼在「非日常經驗」中發現從0到1

——想出嶄新創意的最佳方法

「潛意識的記憶之海」是靈感的泉源

從0到1的點子，就在靈光一現中誕生。我是這麼想的，所以我們必須訓練潛意識。以邏輯思考為主的「意識思考」雖然也很重要，但能夠產生好靈感的「潛意識」，才是從0到1的決定性要素。

想要訓練潛意識，持續擲出靈感的骰子是第一要務。儘管「沒有中獎」的情況很多，但這也是擲骰子的魅力。如果因為害怕「沒有中獎」而不敢擲骰子反而更危險。這個道理就和肌力訓練相同，**只有持續使用靈光一現的「肌肉」，才能訓練「靈光一現的能力」**。

但訓練潛意識還有另一個重點，那就是累積各種不同的「經驗」。

因為從經驗中學到的教訓，全都儲存在廣闊的「潛意識的記憶之海」中，而靈感就以此為養分誕生。我們的神經細胞網路會在面對問題時活躍起來，將儲存在腦內、但未曾產生關連的記憶（資訊）連結在一起。龐大的記憶，無論合理還是不合理，都會產生共鳴，迸出火花，自動尋找解決問題的方法。

必須注意的是，這裡所說的不只是我們能夠有意識地回想的記憶。人類能夠意識到的大腦活動只是冰山一角。大腦會將我們經歷過的所有事情，以抽象的型態刻劃在神經細胞網路中，而且絕大部分都不會再以具體的形式讓我們有意識地回想起來。

但是我們的大腦能夠連結各式各樣的記憶，包括這些再也想不起來的無意識記憶。當這些記憶串連起來的瞬間，我們會靈光一現：「就是這個！」所以靈光一現對於處在意識層次的我們來說，才會如此出乎意料，而且令人驚訝。

換句話說，想要有好靈感，必須累積各式各樣的經驗來豐富「無意識的記憶之海」。所以說，**靈感並不是上天的贈禮，而是我們自己經驗的產物**。

「非日常經驗」能夠帶來獨特的想法

那麼，想要創造出從 0 到 1，需要那些經驗呢？

我認為需要的經驗有兩種。第一種是對人類而言理所當然的日常經驗。

如果沒有充分品嘗日常生活中點點滴滴的經驗，以及隨之而來喜怒哀樂，靈光一現的點子可能會偏離普羅大眾的生活感受，這麼一來，就絕對不可能創造出打動人心的物品。生活經驗可以說是從 0 到 1 的先決條件。

另一種是「非日常經驗」。

換句話說，就是擁有別人所沒有的經驗組合。我認為這是從 0 到 1 的決定性要素。如果只擁有與多數人相似的經驗模式，可想而知，產生的靈光一現也會與多數人相似。

舉例來說，做普普通通的工作，下班後就在家懶懶散散地看電視、上網……你能夠期待過著這種生活的人，會想出誰都沒有發現的嶄新創意嗎？雖然不是不可能，但那樣的人應該看待事情的角度原本就與眾不同，可以說是突變的天才吧。凡夫俗子如果只經歷任何人都有的經驗，那就只能想出誰都想得到的點子，這個結論應該不難想像。

工作上也一樣，如果每天只執行主管的指令、只遵照手冊的指示作業，或是只完成例行工作，確實可以在這個範圍內累積豐富的經驗，讓業務的處理更正確、更有效率。讀書也是同樣的道理，把內容全部背下來，確實可以有效率地在考試中得高分，但這樣的人幾乎不可能從這些經驗中產生誰也想不到的創意，因為他們缺乏自己獨一無二的經驗。

做自己想做的事情，可以訓練「潛意識」

不過，也沒有必要故意去找一些標新立異的事情來做。

盡量去嘗試「想做的事情」、「看起來有趣的事情」，這才重要。這些事情或許多少有點麻煩，帶有若干風險，但還是要試著去克服。這麼一來，自然能夠創造出自己獨一無二的經驗組合。

人類原本就有很大的個體差異，每個人的好惡千差萬別，所以，只要純粹地追求自己喜愛的事物，一定能夠帶來個性化的經驗。

除此之外，每個人在人生中面對的課題都不一樣，為了克服這些課題需要的經驗也是因人而異，所以我想，為了克服眼前的課題而反覆摸索，自然能夠累積獨特的經驗。

只要專注於每一次的挑戰，就能累積自己獨特的「非日常經驗」，如此以來，就能在意想不到的時刻獲得從0到1的靈感。我已經不知道經歷過多少次這樣的過程。

就為各位分享我的經驗吧。

在我擔任 Pepper 開發主管時，曾經很煩惱，擔任主管必須發揮領導力，但我很不擅長面對人群。這個課題在我擔任豐田汽車的量產車開發經理時就已經存在。我在軟體銀行學院時的簡報表現，與其他學員比起來，也相形見絀。

我原本想報名簡報課來解決這個煩惱，但朋友建議我去上表演課，我於是咬牙接受他的提議。我非常害羞又怕生，接受這個提議需要相當大的決心，但我希望藉由刻意踏進自己原本避開的世界，從中獲得克服弱點的線索。

我以前從來沒有站上舞台過，一開始只是有樣學樣，還被講師嚴厲地批評。「問題到底出在哪裡？」這個問題我想過好幾次。後來我漸漸懂了。沒有表演經驗的我，每當要扮演某個角色時，總會想像這個角色讓我聯想到的演員，企圖模仿他的表演。如果扮演的是笨拙的父親，我就模仿高倉健；如果是開心果的角色，我就模仿阿部貞夫。但我越是使盡渾身解數想讓自己變成高倉健，展現出來的演技就越差勁。

該怎麼做才好呢？我的表演之所以會有問題，是因為我想模仿自己以外的某個人。表演需要的，是從自己內在發掘「父親」或「開心果」的要素，並且將這個要素抽取出來。表演不是戴上面具，扮演其他人，而是脫下自己平常戴著的面具，展現自己內在擁有的特質，這才是「表演」。

我花了半年左右的時間領會到這個感覺，表演也終於越來越像樣了。

「表演體驗」×「工程師」的組合

這對我來說是一大發現。我發現，發揮領導力就是扮演領導者，換句話說，就是找出自己內在的領導要素，並且表現出來。我利用在表演中領會到的感覺扮演領導者，工作起來也多少變得比較得心應手。

不只如此，表演的經驗還帶來了意想不到的靈感。那個時候，我正在煩惱要賦予Pepper什麼樣的個性，這是個虛無飄渺的難題，因為以前從來沒有出現過擁有個性的機器人。但有一天我突然靈光一現：「對了，這不就和表演一樣嗎！」

當時在軟體銀行與阿德巴蘭機器人公司（Aldebaran Robotics）的共同開發下，Pepper的硬體已經有原型了，我們已經賦予Pepper造型、顏色、光澤等等。而且在某種程度上，也可以看見當時的技術在聲音辨識引擎、個人辨識引擎等性能方面能夠實現的極限。這些都是Pepper的要素，也可以說是與生俱來的特質。

人類也是一樣，除了臉部長相、身體特徵之外，還有「記憶力差」、「聽力很好」等等無數的要素，這些要素組合在一起，就是一個人的特質。既然如此，我想，只要讓Pepper展現它與生俱來的特質，就能創造出讓人覺得自然、帶來好感的個性。

於是我開始發揮想像力：「具備這些特質的Pepper，能夠扮演什麼樣的角色呢？」我仔細地推敲：「Pepper應該是這樣的個性……」「這種時候Pepper應該會有這樣的反應……」最後終於完成Pepper的角色設定──「雖然不是最優秀的，但是個開朗、健談的風趣男孩」。

剛好就在這個時候，一位經營劇團的編劇也加入了團隊，我們都有過表演的經驗，所以一拍即合。他在這個時機加入對我來說真是太幸運了，後來 Pepper 的開發也一口氣加速。

「無關的經驗」創造出 Pepper

如果我過的是一般工程師的生活，或許很難有這樣的發想。這是工程師身分的我，在偶然的情況下接觸了表演，才會有這樣的靈光一閃。

我挑戰表演，原本是為了培養領導力，與 Pepper 沒有任何關係，但這個完全異質的經驗，卻成為原動力，帶來了「機器人的個性」這個沒有前例的點子。這讓我深刻體會到，**許多從 0 到 1 的點子，不就是來自於這種異質經驗的連結嗎？**

當然，上述的故事是非常容易理解的例子。我覺得這種異質經驗的組合，帶來的加乘效果，多半無法像這個例子一樣能夠說得清楚。這種加乘效果，絕大多數都是發生在潛意識領域的化學反應，就連自己也不會察覺。

譬如，幾年前在美術館欣賞作品，當時的天氣與身體狀況；半年前颱風癱瘓交通網，好不容易才回到家，喝杯紅茶休息一下，當時聞到的茶香與感受到的溫暖；工作煩躁時，朋友說的一句鼓勵的話與當時的濕度；朋友家中原本懷著警戒的寵物開始親近自己，當時的氣味與觸感……這些意識早已遺忘的細微經驗，各自在記憶中留下零星斷片，成為靈光一現的契機。這是發生在「無意識的記憶之海」中的靈光一現。

所以，**想要獲得與其他人不同的靈光一現，多從事自己喜歡的事，累積「非日常經驗」不可或缺**。總而言之，試著挑戰自己覺得「想做的事情」、「看起來有趣的事情」吧。雖然不知道會在什麼時候，但現在累積的許多經驗，將為我們帶來從 0 到 1 的點子。

Chapter 3

光有「點子」，不可能實現從0到1

「アイデア」だけでゼロイチは不可能

12▼「組織」是提供協助的單位

——上班族面對從0到1的基本態度

「創新的兩難」是出發點

「想實現從0到1，就到新創企業工作。」

這麼想並沒有錯。新創意味著「嘗試冒險」。新創企業展開的是具冒險性的新事業，企業本身就是從0到1。而且，新創企業是將所有的資源投入從0到1的組織。所以如果是以從0到1為目標，在新創企業工作是非常合理的選擇。

但我認為，想要抓住從0到1的機會，並非只有新創企業這條路。**即使不在新創企業，也能累積從0到1的職涯**。而且，有些事情就是因為不在新創企業才有辦法做。這是我的切身感受，因為我一直以來都在豐田汽車與軟體銀行等大企業累積經驗。

但是想在大企業創新，必須要有一個覺悟。那就是企業必然會背負著「創新的兩難」。要在已經擁有成功事業的企業實現從0到1，確實是一件難事。但抱怨這個現實也沒有幫助，反而應該懷著覺悟，把這件事情當成出發點來準備。

如果了解公司的運作機制，就會知道這是無可避免的。因為一家企業之所以能夠存在，就是透過保守、主流的舊事物取得成功，確保穩定的收益。換句話說，如果沒有這些舊事物，就不會有這家企業。然而，**新事物多半具有否定舊事物的一面，所以遭遇強大的阻力也是理所當然的事情。**

Walkman 遭 iPod 逐出市場，就是一個清楚易懂的案例。Sony 當時也在開發與 iPod 同樣概念的產品，而且無論是技術還是設計能力，Sony 都與蘋果不相上下。但為什麼 Sony 最後會輸給蘋果呢？

有人認為，這是因為 Sony 擁有必須守住的「舊事物」。Sony 因為要為了防止自家公司的音樂與電影等內容被盜版，這成為有礙發展的商業生態系統，最後才會輸給沒有舊包袱的蘋果。

公司經常是由「舊事物」主宰

當然，這是經營判斷的問題。如果當時Sony的經營高層毅然決然地改變方針，事情或許會有不同的發展。但即便在這種情況下，在開發過程中還是不得不直接面對來自舊事物的壓力。

因為舊事物，也就是既有事業，才是公司的收益來源。展開新事業經常是一項賭注，只有試了才知道會不會成功。這種不確定的事業，必須依靠從既有事業獲得的資源，所以既有事業當然握有壓倒性的發言權。新事物在公司中的地位總是低於舊事物。

而且，就算新事業成功了，也需要過一段時間才能夠獲利。既有事業在這段時間依然是公司的主要支柱。於是，舊事物高舉著「讓我們產生加乘效果」的旗號，對新事物施加可能損害創新純度的壓力，這樣的例子隨處可見，我甚至覺得，這就是許多公司的新事業之所以會瓦解的最主要原因。

所以，企業要實現從0到1，經營高層必須擁有相當的熱情，並且發揮強大的領導力。許多企業都鼓勵創新，也建立了一套由下而上提出創新方案的機制，但最後還是需要高層親自為底下提出的方案背書。如果高層在這時候不發揮領導力，新事業就難以成立。

但是，就算有高層支持，依然無法改變從0到1的團隊成員在公司內部處於劣勢的現實。如果不理解這樣的角力關係，就會被公司內部的衝突擊垮。

「冒險的企業」也會變質成為「官僚的組織」

此外，企業有生命週期。幾乎所有企業一開始都是新創企業。所以創業成員多半具備冒險精神，勇於挑戰新事物，但是取得成功之後，企業難免會開始慢慢變質。

為了維持並擴大成功的事業，必須僱用更多的人才，這麼一來，企業必須改變體制，將業務系統化，才能夠在不同的人才進來之後進行管理。只有成功蛻變的企業，才能進入成長軌道。

這時候就會發生兩難的狀況。

以管理系統見長的人才，慢慢取代創造新事物的人才，成為公司的多數。創業成員還在的時候，或許還能維持新創精神，但他們離開之後，把秩序當成憲法的「管理派」將成為保守主流。沒有嘗試過從0到1的人，逐漸掌握實權。充滿冒險精神的新創企業，就這樣變質成為官僚的組織。

這不是「好或不好」的問題，經營企業或許必然會走上這樣的生命週期。所以我認為，必須先理解這個生命週期，才能選擇自己在公司裡的立場。

我們首先必須認知到一個前提，**在已經成為官僚組織的公司中，從0到1不會被當成「未來的支柱」，而是被歸類在「例外狀況」**。公司為了徹底管理品質，必須嚴守「遵循作業流程」、「分工明確化」、「業務效率化」等原則，但從0到1有一部分是無法遵守這些規則的。

舉例來說，想展開一項新的嘗試，必然也會影響到其他部門的工作。站在其他部門的立場，這只能當成額外的「例外狀況」處理，排除在標準化的作業流程之外。但其他部門光是日常業務就已經很繁忙，當然會對額外的工作敬而遠之。而且遵守標準化的作業流程可以確保安全，沒有嘗試過的「例外狀況」則伴隨著未知的風險，所以不輕易接受也是情有可原。

類似這樣的狀況在從0到1的過程中會不斷出現，要一一突破相當大費周章。雖然有時候會覺得不合理，但抱怨也於事無補，只能把這樣的狀況當成前提，設法在推動工作的方式上動腦筋。

在組織中獲得「強大助力」的方法

除此之外，有一個絕對不能拋棄的鐵則，那就是保持謙虛的態度，把組織當成「提供協助的單位」。

組織提供我們資源，讓我們挑戰自己相信「有趣」、「有價值」的從0到1，我們絕對不能忘記對此心懷感謝。這或許是老生常談，但我覺得，能否貫徹這樣的態度，甚至決定了從0到1的成敗。

不要抱怨公司很難建立起合作體制，而是要思考，如何將遠遠圍觀的人拉進來支持我們。**不要氣憤其他部門抗拒創新，而是要思考該如何提案才能燃起對方心中的熱情**。這是很重要的思維。

最後，當我們成功增加盟友時，組織就能帶給我們極大的助力。我們可以使用新創企業籌措不到的預算與設備，也能參考其他部門的專業意見，將想法琢磨得更成熟。公司擁有的品牌力與信賴感，成為我們對外交涉時的強大後盾。其他部門也可以為我們介紹他們的外部人脈。而且就算從 0 到 1 失敗了，也不至於丟掉工作，我們可以懷著勇氣，果敢挑戰。

這些都是只有上班族才享受得到的極大優勢，其助力之大，我在豐田汽車與軟體銀行都有深刻的體會。希望各位也都將身在組織中的優勢做最大的發揮。

13▼「無理的要求」才是機會

——投入「熱情」的管理，是從0到1的根源

「無理的要求」能夠激發思考

「降低三%的成本雖然很難，但如果是降低三〇%，立刻就能做到。」

這是松下幸之助的名言。過去，松下電器（現在的Panasonic）曾

經出貨汽車音響給豐田汽車，豐田汽車原本要求松下電器每年降低三％的成本，但某次突然要求降低三〇％。

每年降低三％都已經很困難了，負責的部門當然判斷這不可能做到。就在他們打算如此回覆豐田汽車時，松下幸之助插手了，他做出這樣的指示：「降低三％的成本雖然很難，但如果是降低三〇％，立刻就能做到。」

這是為什麼呢？

因為如果只需要降低三％，就會試圖在原本的發想方向尋找解決辦法。但是持續改善之下，能夠進步的空間逐漸減少，所以降低三％的成本會一年比一年更困難。

但如果是降低三〇％的成本，就必須從根本檢討產品，否則不可能實現。這必須從 0 開始思考，會非常辛苦，但也因為回到一張白紙，努力的空間就能夠一口氣擴大。所以松下幸之助才會說，減少三〇％反而比較容易。

但老實說，這是個無理的要求。負責的人絕對會在心底暗想：「開什麼玩笑……」這是自然的反應。

但我認為，這個思考邏輯是正確的。因為組織要發揮力量，需要由上而下來運作。**上層的無理要求，能夠強迫現場人員改變發想的方向，這將成為產生從 0 到 1 的一大原動力。**

不妥協的主管是從 0 到 1 的原動力

豐田汽車的 Prius 也是如此。Prius 是全球第一款搭載油電混合系統的量產車，在國內外引起相當大的迴響，可以說豐田汽車創造出了世界級的從 0 到 1。Prius 發售時我還沒進豐田汽車，但我還是懷著興奮的心情盯著新聞看。

據說，開發團隊原本的方針並是不使用油電混和技術，他們被賦予的任務是開發「低油耗環保量產車」。豐田汽車從很久以前就有部分工程師從事油電混和技術的開發，也曾經評估使用，但因為技術尚未成熟，所以他們判斷這項技術無論如何也經不起實際使用。於是他們決定以既有的技術，開發出「提升燃油經濟性五〇%」的量產車，並向高層報告這樣的方針。因為汽車關乎人命，必須將安全也納入考量，這是極為穩妥的判斷。

但無理的要求卻在這時候降臨。當時擔任豐田汽車副社長的和田明廣，提出了一個離譜的要求：「我們要開發出燃油經濟性達到目前兩倍的汽車。」

當時擔任開發主管的內山田竹志（現任豐田汽車會長）大吃一驚，他再次仔細說明：「提升五〇％已經是現有技術的極限了。」

結果和田明廣主動提起了油電混和技術：「不然試試油電混合？」

內山田竹志當然全力反駁：「以現在的技術不可能做到。」

於是雙方陷入「做得到」、「做不到」這個永無止盡的爭辯。為這場激辯打下休止符的，是和田明廣的一句話：「如果只提升五〇％，就沒有做下去的意義。要是你堅決反對，那就中止這項計畫吧！」

或許有人會覺得和田明廣的做法太粗暴，但可以肯定的是，如果沒有這個不允許妥協的無理要求，Prius就不可能問世。因為和田明廣堅持將計畫加上「燃油經濟性兩倍╳油電混和」的限制，內山田竹志率領的菁英工程師才有決定扛著風險前進的覺悟。

換句話說，和田明廣的無理要求，成為開發團隊的唯一目標，打造出將團隊能力發揮到最大值的環境。

任何人都能完成的工作，不可能是從0到1

所以我認為，**想要實現從0到1，必須把高層投入熱情的無理要求，當成「機會之神的瀏海」來把握。**

Pepper的開發計畫正是如此。「將能夠與人類心靈交流的機器人普及化」，老實說，孫正義的願景是相當無理的要求。

雖然已經決定以阿德巴蘭機器人公司的平台為基礎，共同進行開發，但硬體部分的完成度還很低，就連機器人在自主運作時的安全性都無法保證。而且，以何種形式結合軟硬體的部分也完全是一張白紙。這樣的機器人必須在兩年半以內投入市場，的確是很無理的要求。

我進到軟體銀行之後才知道這樣的狀況，其實有點驚訝。但即便如此，我的信心依然沒有動搖，我相信這一定可以做到。

這是領導軟體銀行的孫正義投入熱情的無理要求。雖然可以想見這將是一項嚴峻的工作，但嚴峻才是從0到1的條件。我懷著這樣的覺悟，在軟體銀行展開從0到1的職涯。

開發過程果然如同想像般嚴峻。從企畫階段到發表階段，我不斷地被打槍。

「重新擬定企畫，兩天後帶一百個點子過來！」

「就是因為你缺乏熱情，才沒辦法推動計畫！」

這樣的訓斥我不知道聽了多少次。孫正義一定會當著相關人員的面訓斥，雖然每一次的訓斥都是一擊擊的重拳，但是對計畫而言，卻能成為非常有效的推進力。我即使被批得狗血淋頭也不屈不撓，看到這樣的我，團隊成員也會更加努力。如果接受打擊就能獲得計畫的推進力，這樣的交易太划算了。

就在Pepper發售日迫在眉睫時，孫正義揮出了最重的一拳。開發團隊依照原本決定的時程為Pepper搭載軟體，在公司內部進行簡報時，也示範了模擬人類情感的「情感生成引擎」的試作品。這個引擎原本預定在發售後的第二階段搭載，但孫正義一眼就很滿意這個功能，指示團隊提前搭載在即將發售的家用機種上。

但要實現這個要求，必須克服一個無論如何都無法解決的問題，那就是Pepper計算能力的不足，如果還要搭載情感生成引擎，就會因為CPU超載而當機。

於是我向孫正義報告出貨日的問題，我主張：「完成度也必須考量出貨日。」

但孫正義卻不肯點頭，他堅持：「出貨的Pepper，絕對不能是無趣的Pepper。」

我只好先退回去，重新評估搭載新款CPU的可能性。

我們原本預定一年後才要搭載新款CPU，並根據這樣的日程在進行開發。後來，團隊終於成功將時程提前了半年以上，但即便如此，還是趕不上發售預定日。不得已之下，我只好再找孫正義商量將發售日延後。

一直以來，全公司都是以原本的時程在進行發售的準備，延期將成為一件大事，就我的認知而言，這是非常困難的判斷。但是孫正義當下毫不猶豫就決定延期。如果沒有他英明的判斷，Pepper的命運或許會變得與現在不同。

孫正義將所有的熱情投注在Pepper的計畫上，絕對不允許妥協。正因為如此，他也不吝於強迫現場人員接受無理的要求，雖然這麼做經常使得開發團隊面對各種嚴峻的狀況，但也可以說，就是因為團隊直接面對這些無理的要求，才有可能突破難關，Pepper也因為這樣才能成功打入市場。換句話說，無理的要求，是從0到1的原動力。

話說回來，哪個從0到1不是無理的要求呢？如果要求合理，誰都可以輕易完成，當然就不可能產生從0到1。**因為是無理的要求，才會實現從0到1。**

高層投入熱情的無理要求，是從0到1的機會。

14▼領導力的根源是「熱情」

——要實現從 0 到 1，不可缺少「影響力」

從 0 到 1 必定會面對的「兩難」

我是屬於「工匠型」的人。我渴望製造物品、觸摸物品，也喜歡獨自一個人專注在製造的工作上。所以當我在 LFA 或 F1 團隊中，像個工匠一樣，把從 0 到 1 當成目標，每天都過得很充實。我甚至想，未來的人生就奉獻給這樣的工匠生活。

然而，我也開始感受到兩難的困境。

那是我還在F1團隊的時候。我身為空氣動力學的工程師，每天都為了縮短〇．〇一秒的時間而絞盡腦汁。我特別堅持從0到1的創意。因為豐田汽車是F1領域的菜鳥，想要贏過法拉利等歷史悠久的強隊，只模仿是不夠的。每一個團隊都持續在改善，如果不想出比他們更好的點子，就不可能超越他們。

幸運的是，每當團隊將我設計的零件用在實戰上時，都能站上頒獎台。但這終究只是一次性的好成績，下次比賽時，其他團隊又會追上來。想要一整年持續獲勝極度困難。最後我終於深刻感受到，豐田汽車與頂尖團隊之間，到底還是隔著難以跨越的鴻溝。

我就是從這個時候開始感受到從0到1的兩難。

我負責的只有空氣動力學這個領域，但這個領域的從 0 到 1 不是光靠自己就能完成。要設計車輛周圍流動的空氣，必須想像整部車的設計。反過來說，空氣動力學的設計受到車輛整體設計的限制，所以光是實現理想的空氣動力學，卻讓其他性能變得無法發揮出來，終究還是無法獲勝。

換句話說，想要獲勝，需要整體規畫。我在摸索的過程中，也逐漸對什麼樣的賽車能獲勝有一套自己的看法，並且建構出這輛車的整體形象。

然而，我只是一名工程師，雖然我好幾次都對主管提出：「我們必須改變整體設計概念。」但一個連自己的立場都搞不清楚的毛頭小子，插手超出自己分內任務的領域，主管怎麼可能當一回事。決定整體設計概念應該是站在技術頂端的首席工程師的工作。

這讓我很痛苦，也領悟到一件事——**想要實現自己覺得正確的事，就不能只停留在「工匠」的立場。如果無法站上管理者的位置，掌握分配人力、物力、資金的影響力，實現的從 0 到 1 也會很有限。**

這個遲來的領悟，對當時三十歲左右的我而言，是個猛烈的教訓。

光有「點子」，也無法實現從 0 到 1

光有點子並不足以實現從 0 到 1，這就是現實。

就算有出色的想法，如果沒有和想法格局相稱的「影響力」，光有點子，也沒辦法實現。只是抱怨：「明明是很棒的想法，公司卻不願意了解，所以說這家公司根本不行！」對自己或是對公司而言，都不會有任何好的影響。

如果仔細觀察就會發現，至今為止誕生的所有從0到1，都是在**「影響力╳想法」之間取得良好的平衡。**

譬如豐田汽車的Prius。這項創新需要非常優秀的工程師才能夠實現，但我想，在這個計畫的領導階層中，有和田明廣副社長這位掌握政治力量的人物，也帶來很大的影響。

開發當時，就連工程師也對油電混和技術的應用相當謹慎，換句話說，這是誰也不知道後果會如何的賭注。要在這樣的計畫上做這麼大的投資，公司內部不可能沒有壓力。如果不靠著足以對抗壓力的政治力量來推動計畫，Prius應該連開發都很難完成吧。

在茶道的世界，因為建立起所謂的「侘茶」而被譽為茶道創始者的千利休也是一樣。據說他在六十歲之前都承襲前人的茶道形式，直到六十歲之後，擁有政治影響力，才開始推動茶道的0到1，而且不到十年就完成了。如果他在還沒有影響力的時候，就想展開茶道改革，絕對無法成功。

當然，我就算竭盡全力，也無法成為像和田明廣或千利休那樣的存在。但至少我必須取得足以控制計畫方向的影響力，否則就無法實現自己相信的從0到1。

這麼想的我，在離開F1團隊之後，開始挑戰當一名管理者。我回到日本時，向公司申請調到Z部門。這是量產車的產品企畫部門，負責統籌引擎、剎車、懸吊系統等各種不同的專業部門，相當於管理整個計畫的指揮塔。部長是首席工程師，我則站在輔助立場，管理現有量產車的改款事宜。簡單來說，這在豐田汽車的開發部門裡，屬於保守主流的部門。

然而，這個工作非常辛苦。當時我的頭銜只有課長級，卻要與各部門的部長級人物進行交涉。這些人的職位比我高兩階以上，對於不擅長溝通的我而言，光是這個任務就已經很困難。再加上我沒有開發量產車的經驗，幾乎不具備工作上的必要知識。沒有人會心甘情願地被什麼都不懂的毛頭小子管理，我幾乎陷入四面楚歌的狀態。

這完全是我自己能力不足，以我的實力來說，在Z部門的辛苦是可想而知，但辛苦的程度仍然超乎我的預期。我在精神上被逼入絕境，幾乎每天都出現類似憂鬱的症狀。

儘管如此，我依然想辦法在掙扎當中累積相關知識，一點一滴學會在推動計畫的同時，也將各色相關人員拉進來參與的技巧。慢慢的，我終於也能體會管理工作的有趣之處了。

不要只當一名「工匠」，要成為「管理者」

話雖如此，我現在依然沒有自信能當一名好的管理者或領導者。說老實話，或許我還是比較適合當「工匠」，但我已經做好心理準備，要一輩子在這個領域學習。

在Pepper開發團隊中，我也曾經好幾次陷入無法好好掌控計畫的局面。有一次，我因為無法如預期獲得其他部門的協助而陷入困境，結果在董事齊聚的會議上，被孫正義嚴厲斥責：「就是因為你缺乏熱情，才沒辦法推動計畫！」

這個瞬間，會議室壟罩著極度的緊繃感。孫正義的指責一點也沒錯，我完全沒有反駁的餘地。但我也從話語中感受到他的用意，他透過這樣的斥責，強烈地向周遭的人表明：「林要是這項計畫的負責人。」

能夠打動人的，終究只有「熱情」

「熱情」這兩個字也讓我覺醒。我當然覺得自己對Pepper的熱情不輸給孫正義。或許也是因為我在軟體銀行中是新人，所以在面對其他部門時過度小心翼翼，結果導致我總是在協調。

我回想起在豐田汽車開發LFA時候的事情。當時的我純粹受到「熱情」驅使，總是熱血地對主管和其他部門的人闡述自己的想法。雖然有時候也因為我的不成熟而造成摩擦，但即便如此，依然有許多人願意幫助我實現想法。這不正是領導力嗎？

能夠打動人的終究只有「熱情」。孫正義的斥責，讓我回想起這個原點。

孫正義的斥責成為一個轉捩點，Pepper的開發計畫逐漸步上軌道。雖然在那之後還有重重難關，但我總算把這個關係到好幾百人的計畫拉到終點。

所以我認為，每個人都可以成為領導者。因為領導者的根源是「熱情」。**只要擁有「我想實現從0到1」這樣純粹的熱情，日後自然會培養出領導者需要的技巧**。

相反地，如果沒有熱情，再怎麼擺弄技巧，都不會有人真心助你一臂之力。

優秀的「工匠」一定擁有「熱情」，我想，只要相信這樣的熱情，努力不懈，不管是誰都一定能夠發揮領導力，實現自己在腦中描繪的從0到1。

Chapter 4

「故事」是從0到1的原動力

「物語」がゼロイチのエンジンである

15▼設定的「終點」，決定從0到1的成敗

──將使用者的「隱藏願望」設定為最終目標

「願望」為主，「技術」為輔

我的社會人經歷從當一名工程師開始。但我或許是有點奇怪的工程師，與其說我喜愛的是技術本身，不如說我更偏好利用技術來實現某種「願望」。

我從小就是如此。我很喜歡宮崎駿導演的動畫，作品中登場的交通工具尤其帶給我深刻的印象，令我相當著迷。其中我最喜歡的是《風之谷》中沒有尾翼的滑翔機「海鷗」，甚至下定決心：「我要實際駕駛海鷗！」當時還是小學生的我，便開始製作機翼長達一公尺左右的模型。

我的父親也是工程師，他似乎很高興看到我試做模型的樣子，但是對於「海鷗」卻持否定的態度：「沒有尾翼就無法穩定飛行，很快就會掉下來。」

他的建議一點夢想也沒有，我在心裡反駁：「才不會，那可是宮崎駿想出來的造型呢！」

我依然持續製作模型。結果我失敗了。我的製作方式是改造市售的模型飛機，機翼的部分做得很好，沒有風的時候飛得又順又穩，但只要有一點點側風，就會讓我的海鷗旋轉著掉下來。我的夢想是將海鷗當成日常交通工具，這會是致命的缺陷。

雖然很遺憾，但父親說的一點也沒錯。

不過，這份不甘心成為我的原動力，讓我不斷地思考：「為什呢？」「飛機是靠什麼原理飛行的呢？」這次的經驗，或許成為我上大學之後主修空氣動力學的原點。

我在中學時迷上了自行車，騎著自行車在附近的空地到處亂轉是一件開心的事情。這對當時的我來說，是一種虛擬的冒險體驗，我會挑戰騎進看似過不了的地方。後來我開始和朋友們比賽，譬如，我們會比賽能不能騎著自行車跳過高低落差大的地方。

這麼做當然會把自行車騎壞，車輪因為負荷過重都歪掉了。於是我開始思考：「車輪是什麼樣的構造？」「該怎麼做才能提高車輪的強度呢？」並且著手改造。現在回過頭來看，我的「工程師魂」或許就是在這時候萌芽。

換句話說，對我而言，重要的是「願望」，譬如「駕駛海鷗」，或是「騎自行車穿過有挑戰性的地方」。我學習技術是為了實現這些願望，換句話說，**「願望」才是主體，「技術」只是輔助。**

我至今依然貫徹這樣的立場，完全沒有改變。而且我認為，這樣的態度，也讓我實現之後的從0到1。

找出帶有「真實感受」的最終目標

那是我進入豐田汽車的第三年。

因為一個偶然的機會，我加入 Lexus LFA 的開發計畫，主管給我的任務是讓車輛產生「下壓力」。下壓力是將車體往下壓的空氣壓力，如果下壓力強而穩定，可以增強輪胎與地面的摩擦力。輪胎與地面的摩擦力越強，不僅行駛速度會越快，穩定性也會提升。換句話說，就是乘坐起來會更舒適。

然而，在當時，即使放眼全球，製作時會注意到下壓力的市售車也相當少見。就算有，也多半只是「自稱」，多數在實測中都沒有發揮出性能。真正實現下壓力的只有賽車的世界。換句話說，我必須將幾乎不曾使用在一般道路上的賽車技術，套用到市售車上。這對空氣動力學工程師而言，是極有魅力的從 0 到 1。

但我卻覺得似乎缺少了什麼。因為只是要求我讓車輛產生「下壓力」，我還是無法明確知道具體來說該做什麼才好。於是我開始思考：

「購買LFA的使用者，追求的是什麼？」

LFA是要價高達三千七百五十萬日元的高級車，購買的人不可能沒有強烈的情感。如果我能知道這個「情感」是什麼，或許就能看見具體該做的事情。

我突然閃過一個想法。我當然沒買過這麼貴的東西，但是我也曾經有過不顧一切買下高級品的經驗。譬如中學的時候，我曾經拚命存錢買下半訂製的自行車。跑車的價位當然不同，但就算勉強自己也想擁有的心情，應該有相似的地方。

「那時候我追求的是什麼呢？」

我想起自行車雜誌。我曾經近乎貪婪地閱讀有關自行車與新零件資訊的報導，尤其是有趣的開發故事。開發者為了提高自行車的性能而費盡心思，這點會也透過零件與車架的造型表現出來，讓自行車具備機能美。我在閱讀開發故事時，覺得自己很像在看日後大受歡迎的ＮＨＫ紀實節目《Project X》，似乎可以透過產品看見開發者的熱情。「這零件太厲害了！好想用用看！」閱讀時，我也會感受到這種令自己興奮的「憧憬」。

換句話說，我就算勉強自己也要買下來的，就是這份「憧憬」。既然如此，購買ＬＦＡ的使用者也是因為覺得：「這輛車太厲害了！」才會買下它。他們追求的事物本質應該是這樣的「憧憬」，而絕對不是「下壓力」。

於是，我將這份工作的最終目標設定為能夠感受到「憧憬」的造型與性能。

使用者追求的絕對不是「技術」

我逐漸能夠看見自己具體該做的事情。首先，我應該實現的目標不單單是「下壓力」，而是「壓倒性的下壓力」。至於我的最終目標，則是賦予這個開發故事一個使用者容易理解的形狀。

為了同時實現這兩個目標，我注意到車輛底盤。車輛底盤是乘用車產生下壓力的重點。當空氣流經兩個接近的平面時，會在這兩個平面之間產生一股相吸的力量。換句話說，只要適當控制流經車輛底盤與地面之間的空氣，就能產生強烈的下壓力。

而且，雖然車體外形設計的主角是設計師，但底盤設計的主角就是工程師了。我是一名工程師，所以底盤也是我容易觸碰的領域。

我想到可以在車輛底盤加一層外罩，就像賽車一樣。一般乘用車的底盤都亂七八糟地露出各種零件，但我決定把這些全部罩起來。也為了創造出理想的氣流，我在外罩上設計氣流通道，並將車體後方的外罩向上收束，達到抽出空氣的目的。

一般人雖然不會注意車子底盤，但是會對三千七百五十萬日元的車子感興趣的汽車迷就不一樣了。對他們而言，講究看不見的部分，也是非常重要的「開發故事」。內行人一看到車體後方的造型，就能看得出來這個部分的設計別出心裁，所以非常容易理解。我想打造的不是似是而非的設計，而是真正的機能美。

如果能夠實現這樣的開發，絕對能夠挑起使用者的「憧憬」。於是，我展開了人生最初的從0到1。

可惜的是，我在開發途中就被調到F1團隊，沒能參與LFA的設計直到發售，但這個概念在繼任負責人與相關人員的莫大努力下實現，也獲得使用者的好評。

這次的經驗對我來說是一個指標。我從中學到的最大重點，就是如何設定從 0 到 1 的最終目標。**我認為，最終目標必須是使用者的「隱藏願望」。所謂的「隱藏願望」，指的是即使詢問使用者也問不出來，但如果他們看過、經歷過，就會想要擁有事物。**

我們往往會以為，只要投入新技術，就能產生從 0 到 1。然而，投入新技術或許能產生前所未有的事物，但如果無法打入市場，就只是自我滿足。找出能夠實現使用者願望的技術，才是最重要的事情。簡而言之，「願望」才是主體，「技術」只是輔助。

使用者追求的不是技術。他們的「願望」才是從 0 到 1 的最終目標。

16▼「故事」是從0到1的原動力

——只要故事有魅力，自然會有「夥伴」相挺

願意嘗試新事物的，只有負責從0到1的部門

「最終目標決定從0到1的成敗。」這句話聽起來理所當然，卻是容易忽略的重點。

如果設定的最終目標對使用者而言沒有魅力，不管投入自己多滿意

的最新技術、提出多新穎的世界觀，做出來的成品都無法打入市場。這樣的產品或許是前所未有，卻無法創造價值。

不僅如此，**如果無法設定有魅力、有說服力的最終目標，也很難獲得同事的幫助**。對其他部門而言，從0到1是超出平常業務範疇的工作，迫使他們必須處理多出來的例外狀況。因此，如果沒有充分的根據，他們沒道理把時間花在例外狀況上。

或許應該這麼說，雖然很悲哀，但願意嘗試新事物的，往往只有負責從0到1的部門。其他部門的人通常懷著警戒，只擔心自己會不會被拖下水。因此，想要取得他們的協助，絕對需要設定既有魅力、又有說服力的最終目標。

我在LFA的開發計畫中，切身感受到這一點。我將使用者的「憧憬」設定為最終目標。為了達成這個目標，必須產生「壓倒性的下壓力」，並且以容易理解的方式呈現出這個開發故事。而我想到的方法，就是將車輛底盤全部罩起來。

但這其實是一件非常困難的事情，汽車由無數的零件精密組裝而成，一輛汽車包含了成形性、冷卻性、耐久性、安全性、維修性、成本、質量、法律上的限制等無數因子，這些因子形成了錯綜複雜的整體。因此，任何零件就算只動一公分，都會對其他許多零件產生影響。想要修改原本的裝備，必須先評估這所有的因子。

裝上外罩當然也會產生新的課題。當時對於外罩的知識還很少，無法以原本的預測技術進行精密預測，簡單來說，就是很難在事前預知會發生什麼事情。外罩可能會使熱能積聚在車體內部某個意想不到的地方，也可能因為共振而發出悶響，我在確立預測技術的同時，也一併擬定可能發生的問題和解決方案。這時卻發現外罩還會影響碰撞時的安全性能，必須重新評估各種可能的風險。

一一解決這無數的問題，是讓人望之卻步的作業，而且，如果沒有其他部門的專家協助，我一步也無法前進。

說服一流工程師的理由

在開發ＬＦＡ的過程中，我好幾次都幾乎動彈不得，譬如曾發生過這樣的事情。為了產生「壓倒性的下壓力」，我不斷地實驗如何創造流經車輛底盤的空氣，最後得到的結論是，無論如何都必須將懸吊系統彎曲。

懸吊系統是一種緩衝裝置，能夠防止地面凹凸不平帶來的振動傳到車體，因此直接關係到乘坐舒適度和操作穩定性，是非常重要的零件。除此之外，還要承受剎車時的力量，對確保安全性而言也是不可或缺。

而我竟然想要彎曲如此重要的懸吊系統，該部門的負責人當然不會給我好臉色看。

所以我一邊展示實驗結果，一邊強調彎曲懸吊系統所產生的「壓倒性的下壓力」能夠帶來多大的成效。但我不管做多少技術上的說明，對方都一直不肯點頭，還把我我趕走。我依然日復一日，不厭其煩地去找那位負責人。

某一天，負責人的表情瞬間改變了。

當時我以LFA計畫的最終目標為起點，熱情地訴說開發故事的重要性：

「當我們讀到偉大車款的開發故事時，會覺得興奮吧？也會對這樣的車輛產生憧憬。我覺得，願意花三千七百五十萬日元買車的顧客，要的就是這種憧憬。如果我們連看不見的部分都很講究，顧客一定能感受到這麼做的價值。

「LFA最大的賣點之一，就是空氣動力學產生的壓倒性下壓力。充分的下壓力能夠帶來操作的穩定性，為了達到這個目的，無論如何都必須將懸吊系統彎曲。如果我們這麼做，一定能夠創造出讓顧客懷有憧憬的開發故事。就是因為其他車輛想像不到，彎曲懸吊系統才能產生偉大的價值。如果沒有你的幫助，我就無法將價值創造出來。你願意助我一臂之力嗎？」

負責人聽了我的話之後，沉默地思考了一陣子。最後他的表情放鬆下來，對我這麼說：「好吧，我該怎麼做？」

這真是太讓我開心了，肩負重任的懸吊系統設計負責人終於意願幫助我實現我所描繪的從0到1，後來他也設計出即使彎曲也不影響功能與強度的懸吊系統。之後，就如前面說過的，這件事情也成為我被董事怒罵、加入F1團隊等一連串事件的開端。

每個人都想「成為故事」

這次的經驗帶給我很大的啟示。當時我只是自顧自地說個不停，想盡辦法讓對方理解我的想法。負責人儘管因為肩負重任而態度謹慎，最後竟然也願意為我改變立場。

這是為什麼呢？我認為，第一個原因是他對我設定的最終目標產生了共鳴。

我只是空氣動力學的負責人，不是首席工程師，LFA的最終目標通常不是我該說的事情。但他會在豐田汽車工作，應該也是因為喜歡汽車，所以和我一樣對開發故事懷著憧憬。這個最終目標根據的也是我自己的親身感受，我在訴說時也展現了發自內心的熱情，我認為這當中一定有某個部分在他心中產生了共鳴。

第二個原因則是我提到了開發故事。我熱情地訴說著想要實現壓倒性的下壓力，必須將懸吊系統彎曲，而這個挑戰帶來的故事，才是使用者追求的價值。

換句話說，我其實是不斷地請求他成為故事中的角色，這或許也是打動他的一大主因，因為每個人都想「成為故事」。

這點從《Project X》這個節目大受歡迎就能理解。這個節目每次都讓我很感動。為什麼我會感動呢？因為節目中有好幾位角色為了創造出有價值的物品，經歷了一段有起有落的「故事」。我也想要成為那樣的「故事」。這份渴望，或許是源自「認同需求」這種人類的原始本能。

在實現從 0 到 1 的過程中，無法事先知道哪個才會在最後成為正確的選擇。大家都想做出優秀的跑車，但如果不試做，就不會知道該以空氣動力學為優先，還是以懸吊系統為優先。然而時間有限，將懸吊系統彎曲，老實說又是個麻煩的「例外狀況」，設計負責人願意配合我，除了因為他擁有態度開放的理解力之外，我對開發故事的熱情描述，或許也意外地刺激到他的認同需求吧。

每個人都想「成為故事」。這對我來說是很大的啟示。在實現從 0 到 1 的過程中，如果想取得其他部門的協助，只訴諸技術的正當性是不夠的，還必須擁有能讓他們產生共鳴的最終目標。**描繪一個邁向最終目標的「故事」，並且請求對方參與，這將成為打動人心的強大力量。**

自此之後，無論是開發 LFA 時、開發 F1 時，還是開發 Pepper

時，我都不斷地說故事。當然，光是這樣也不保證一定會順利。理解對方的立場也很重要，也需要溝通能力，老實說，我很不擅長這些事情，也曾經帶給對方許多不愉快的經驗。但就算是如此笨拙的我，也能夠打動其他部門的人，我想，這是因為我相信故事的力量。

「想要實現的從 0 到 1，有著什麼樣的最終目標呢？」

「先不說使用者，這個最終目標有著能讓同事產生共鳴的真實感受嗎？」

「我能夠熱情地訴說邁向最終目標的故事嗎？」

我總是拿這些問題問自己。

17▼在「有計畫」與「無計畫」之間前進

——該如何推動從0到1這種「視線不良」的工作？

從0到1經常是「視線不良」的計畫

從0到1的進度很難管理。因為從0到1的計畫總是「視線不良」。雖然設定了計畫的「最終目標」，但這個最終目標終究只是概念，並沒有具體的完成藍圖。從0到1，說起來就像橫渡一條滿是濃霧的河，必須在要求的時間限制內，抵達看不清楚的目的地。

而且，我們無法掌握河流的狀況，途中可能有暗流通過，也可能卷起漩渦。參與這種幾乎稱得上是冒險的計畫當然會膽怯。但是，如果害怕就無法產生推進力，也無法得到任何人的幫助。如此一來，就連原本可以順利進行的事情都會變得不順利。從0到1總是緊貼著這樣的危險性。

為了避免事態演變至此，該如何管理進度才好呢？

我覺得，可以設置「墊腳石」。

說得詳細一點，就是根據起點與終點之間的推測距離，以及要求的時間限制反推，每隔一小段距離就擺一顆通往終點的墊腳石。跨越的方式可以大家討論，也可以交給負責的部門判斷，到時候再決定就好了。但我認為，決定下一顆墊腳石的位置，對於計畫的管理是非常重要的事情。最後，大家就踩著一顆顆的墊腳石，朝著對岸的終點前進。

當然，「墊腳石」的位置不是固定的。終點是固定的，但墊腳石的位置可以隨著狀況臨機應變。我認為，對於狀況每天改變的從 0 到 1 而言，以這種寬鬆的計畫為基礎來管理進度是很實際的做法。

除了設置墊腳石之外，當然還有其他渡河的方法，譬如「架橋」也是一種方法。架橋是一開始就決定通往終點的路徑，然後筆直穿越。換句話說，就是擬定扎實的計畫，這可以說是最有效率、最容易管理進度的方法，對於可以清楚看見整體流程的舊事業，架橋是有效的方法，卻不適合從 0 到 1。

對從 0 到 1 而言，抵達終點的著陸點、著陸方式原本就不明確，所以很難安排通往終點的直線工程。而且，如果勉強擬定詳細計畫，取得高層許可，這個計畫可能反過來成為日後的枷鎖，甚至可能演變成把遵守計畫當成主要目的，抵達正確的終點反而成為次要的疑慮。

如此一來就本末倒置了。適合舊事業的方法，不應該勉強套用在從 0 到 1 的事業上。從 0 到 1 最重要的是摸索的過程，除了反覆摸索之外，沒有其他方法可以弄清楚陷在迷霧中的目的地。如果架了橋，摸索的空間就會減少，從 0 到 1 也會變得難以實現。

正確的做法就介於「有計畫」與「無計畫」之間

話雖如此，完全沒計畫也會使從 0 到 1 破局。

無計畫就像是游泳渡河，一划一划地朝著自己覺得是終點的方向游去，但這麼做很難成功。如果只給現場開發人員遙遠的目標，他們很難連結到具體的行動。而且，從 0 到 1 靠的是團隊合作，如果終點太過遙遠，大家很難產生一致的目標意識。站在對岸，說不定會看到全員各自努力的狀況。

而且這麼一來，除非抵達終點，過程中無法獲得成就感。在這種狀況下，將很難長時間維持將計畫堅持到底的熱情，最後陷入進度管理失效的狀態。

所以我們才需要墊腳石。墊腳石應該擺在團隊中每個成員發揮一二○%的實力就能到達的位置。領導者也必須給他們一個有願景的故事，告訴他們只要成功站上每一顆墊腳石，最後就能抵達終點。

只要所有人腦中都有這樣的藍圖，團隊成員就會產生想站上眼前的墊腳石的動力。如果順利且成功地站上第一顆墊腳石，成員就能獲得成就感，這份成就感也將成為繼續往下一顆墊腳石前進的熱情。透過這樣的經驗累積，團隊就會開始自動自發地往終點移動。

這麼做也會讓進度變得比較容易管理。墊腳石的位置雖然只是暫時的，但依然具備調整進度的作用。如果能夠如期站上每一顆墊腳石，代表成員發揮了超出平均的實力，能夠在一段期間內前進一定程度的距離，到時候也會有一些新的發現。

這麼一來，既能避免時間徒然流逝，最後依然一事無成的狀況，也能帶給團隊成員自信與動力，覺得：「我們比想像中厲害嘛！」只要能夠持續下去，總有一天會抵達終點。

也因為墊腳石可以移動，能夠有彈性地修正軌道。如果覺得方向好像有點偏了，只要將墊腳石換個位置即可。有摸索的空間，也是這個方法的優點。

我覺得，像這樣在「有計畫」與「無計畫」之間管理從0到1的進度，才是正確的做法。

設定目標時，一定要從終點反推

有一點必須注意。墊腳石雖然擺在團隊中每個成員發揮一二〇％的實力就能到達的位置，但是這和所謂的「延伸性目標」不同。

「延伸性目標」指的是將目標設定在比團隊成員自認為可以達到的目標稍高的位置，藉此迫使成員發揮所有的實力。因此通常會先請各個負責人設定自己或部門的目標，再將這個目標往上延伸。但是在管理從0到1的計畫時，多半不會使用這個手法。

因為從0到1經常是「視線不良」的計畫，如果最初的目標交由各個負責人自己設定，往往會因為視線太差，受到恐懼主導，難免會將目標設得過低。就算將這個目標往上延伸，也無法創造出從0到1。因為從0到1是沒有人嘗試過的挑戰，會有這種現象也是理所當然。

所以，**絕對有必要從終點反推墊腳石的位置**。

換句話說，設定終點的計畫領導者，必須憑著自己的責任與判斷，決定墊腳石要放在哪裡，並且提出非到達這個位置的理由。所以，企業或組織首先必須做的，就是給予計畫領導者裁量權。如果授權不夠充分，從0到1的進度管理將會變得非常困難。

此外，計畫領導者雖然可以憑著自己的判斷設置墊腳石，但是絕對要避開「毅力論」的想法。有些目標只要冷靜思考就會知道絕對不可能達成，如果將這樣的目標硬塞給團隊成員，他們也不可能懷著熱情行動。

所以在設置墊腳石的時候，一定要與團隊成員協調。如果發現團隊不可能站上某塊墊腳石，或許就該考慮增加成員或是引進外部資源。然而，墊腳石的設置終究必須配合終點，而不是配合團隊成員，這點甚至可以說是實現從0到1的關鍵也不為過。

Pepper的開發團隊雖然經歷了許多困難，但終究還是讓Pepper問世，我想，這或許就是因為當時在設置墊腳石的時候，沒有出太大的差錯吧。

18 ▼「預測力」是從0到1的武器

——透過反覆練習，磨練非理性的直覺

沒有「預測力」，就無法排定從 0 到 1 的進度

如何設置適當的墊腳石，這將成為從 0 到 1 的成敗關鍵。

要設置適當的墊腳石很難。雖然墊腳石的位置可以從終點反推，但我們無法具體看見終點。遙遠的對岸是一片濃霧，我們無法確定墊腳石

該朝哪個方向擺放才好。

而且，如果把墊腳石設在團隊成員閉著眼睛也能跳上去的距離（時間限制、難度），無論花多少時間都抵達不了終點。但如果設在不管怎麼助跑都跳不過去的位置，只會讓成員掉進河裡。墊腳石必須設在看似跳不過去，但其實可以跳上去的絕妙位置。

墊腳石的設置方向、設置距離有無數的可能性，能否從這些可能性當中選出正確的設置點，將決定計畫的進展速度與實現可否。

那麼，墊腳石該如何設置呢？

我就直截了當地說了，這個問題沒有標準答案。因為沒有任何一個符合邏輯的方法，能夠普遍適用於所有的從0到1。

不過，人有「預測力」，我認為這才是率領團隊實現從0到1的重要能力。我大約每隔一・五個月就會設置一顆墊腳石。一・五個月剛好足以讓我把必須達成的目標設在具體的位置，只要一個接著一個達成這所有的目標，就能抵達有魅力的終點。

當然，這只是我的預測，不一定適用於所有人，但是我在至今為止參與過的計畫中體會到這樣的間隔大致正確。如果間隔更長容易鬆懈，縮短又會讓變化太瑣碎，兩者都會降低開發速度。

透過摸索，磨練「預測力」

那麼，這種預測力該如何訓練呢？

除了累積經驗之外沒有別的方法。我從年輕的時候就會自己設定時間限制，並且在執行工作時徹底遵守。我將主管交辦的工作拆成許多小部分，決定每個部份該做的事情和達成的期限。

一開始，我給自己的時間是一個月。我在LFA團隊第一次參與從0到1的計畫時，便下定決心：「我一定要在一個月的反覆摸索中，做出試作品，然後進入下一個階段。」但是我不管挑戰幾次都不順利。

如果只有一個月，會因為時間太短而開始尋找妥協點，無法展開創新的嘗試。相反地，如果時間限制太寬鬆，則會導致精神鬆懈，結果使進度落後到難以挽回的地步。

我經歷了一次又一次時間限制太長或太短的失敗，逐漸培養出預測力，我會知道：「這種難度的嘗試，大約需要這麼長的時間。」當然，為了盡可能達成更高的目標，我會去追求看似做不到、但其實做得到的水準，最後我憑感覺掌握到的時間限制大約是一・五個月。

這樣的預測在F1團隊中也順利地發揮作用，換句話說，即便是在開發內容完全不同的領域，也不影響預測力的運作。所以我把一・五個月也套用在Pepper的開發上。我憑的是這樣的直覺：「Pepper同樣是製造的工作，所以這樣的預測應該也適用。」

這一・五個月也能成為設定終點時的「線索」。

以Pepper為例，公司給的開發期間是兩年半，也就是三十個月。「30÷1.5=20」，簡單計算一下就知道開發期間可以做二十次的嘗試。我憑著自己的預測力，掌握每次嘗試應該可以克服什麼難度的問題，透過這樣的評估，就能依稀看見最後抵達的終點有機會達到什麼樣的水準。

「將能夠與人類心靈交流的機器人普及化」，孫正義雖然給出這樣的題目，但實在不可能在兩年半以內開發出像人類一樣，能夠進行自主判斷的機器人。於是我重新詮釋孫正義的題目，提出一個經過二十次的嘗試後有機會達成的概念——「能夠讓人開心的機器人」。

從我的經驗可以知道，「預測力」對於設定從 0 到 1 的終點而言是不可或缺的要素。

「非理性」的直覺最可靠

如果挑戰的是自己沒有預測力的領域，又該怎麼辦呢？

我在開發 Pepper 的時候也遇過同樣的問題。我雖然具備硬體部分的預測力，但是在軟體開發部分卻是個外行人，當然也沒辦法預測。我覺得，在這種情況下，最重要的就是不要多想。

沒試過的事情，想再多也不會想出答案。「如果錯了該怎麼辦？」煩惱這些問題反而會使思考停滯，最後只會變得綁手綁腳。所以，總之先試試看，才是正確做法。

「因為是第一次嘗試，就算失敗也無可厚非。」我們只能像這樣看開，果決地放下一顆墊腳石，然後理直氣壯地告訴團隊成員：「我希望能夠做到這裡。」

就算其他人覺得：「這實在太亂來了。」我們也只能接受。

這麼做通常會得到負面的反應，尤其是責任感越強的人，給的意見越保守。但我們不能把「自己是門外漢」當成藉口，全盤接受團隊成員的主張，因為如此一來，墊腳石就會失去效用。

我們當然有必要傾聽團隊成員的意見，如果發現目標顯然不可能達成，就要有彈性地調整。

更重要的是，要讓團隊成員對必須實現的「最終目標」，以及邁向這個目標的「故事」產生共鳴。換句話說，就是以這樣的共鳴為基礎，努力讓團隊成員接受「無理的要求」。

此外，也不能把取得全員的共識當成必要條件。總之先試試看，嘗試當然可能會失敗，那就乾脆把失敗當成繳學費。經過反覆修正，一定可以磨練出預測力。

我在開發 Pepper 的軟體時，也同樣在反覆修正墊腳石的過程中，自然而然地得到了預測力。

「預測力」就是「直覺」。或許有人看不起「直覺」這種非理性的事物。但這種非理性的要素，才是從 0 到 1 的成敗關鍵。

仔細想想也是理所當然。**從 0 到 1 是沒有人嘗試過的事情，也沒有任何案例可供參考，因此能夠依靠的，只有身體從無數經驗當中獲得的「直覺」而已。**

Chapter 5

「效率化」將扼殺從0到1

「効率化」がゼロイチを殺す

19 ▼「效率」是危險的詞彙

——盡可能擴大「有意義的白費工夫」

「無意義的白費工夫」與「有意義的白費工夫」

「不勤奮工作，就沒有從0到1。」

我覺得這句赤裸裸的話是真理。

我也屬於勤奮工作的類型。以前在豐田汽車上班時，還曾經被挖苦：「你不要老是一副很勤奮的樣子。」我聽到這句話只覺得困擾，因為我會這麼勤奮完全是出於對工作的喜愛。

我也常聽到這樣的意見：「日本人的勞動生產率低落，應該要更有效率地工作才對。」

但在嘗試從 0 到 1 時，我除了勤奮工作之外想不到其他方法。我甚至覺得，「效率」對從 0 到 1 而言反而是危險的詞彙。因為如果追求效率，就不可能產生從 0 到 1。

「效率」對事業而言當然是非常重要。事業如果不產生利益就無法持續下去。沒有效率的資源或資金分配方式，只會壓縮利益。所以在職場上，必須有效率地運用自己的時間、勞力、知識等等。話說回來，將寶貴的人生白白浪費在無謂的事情上原本就令人痛苦難耐，就這層意義而言，我覺得自己也是效率主義者。（但周遭的人或許不這麼想……）

不過，「白費工夫」也有分兩種。一種是「有意義的白費工夫」，另一種則是「無意義的白費工夫」。

「無意義的白費工夫」當然需要徹底排除。但就算大家都喊著「效率、效率」的口號，我們也不能連「有意義的白費工夫」都排除。因為，**是否能夠不厭其煩地累積「有意義的白費工夫」，關係到從0到1的成敗。**

我第一次學到這件事情，是在參與LFA開發計畫的時候。當時我隸屬於實驗部門，主管指示我：「你只要撥出一〇%的時間給LFA就好，其餘的九〇%依然留給原業務。」

但是，當我深入參與LFA的開發工作後發現，如果只撥出一〇%

的時間，就只能得到這點時間能做出的成果。這樣的時間分配能夠完成的工作，只比主管想像的內容再稍微好一點而已。望著到前方無限寬廣的世界，就覺得一〇％的時間根本不足以讓我完全燃燒。

於是我開始埋首於ＬＦＡ的開發，企圖抵達那個「寬廣的世界」。當我這麼做之後，總工時無論如何都必須增加，等到我回過神來才發現，自己已經在ＬＦＡ上花了九〇％的時間，原業務則只能用剩下一〇％的時間完成。

從0到1靠的是大量的「白費工夫」

為什麼總工時無論如何都必須增加呢？

因為從0到1是沒有人嘗試過的事情。所以擁有許許多多的可能性。我能夠嘗試多少的可能性？我能夠找出那個存在於某處的最佳解答嗎？這樣的挑戰才是從0到1。

這樣的挑戰必然會讓人做一堆白工。說得極端一點，除了最後的解答之外，其他的嘗試全都是白費工夫。但是，如果沒有這九九%的白工，就無法得到一%的最佳解答。這樣的「白費工夫」是「有意義的白費工夫」，為了承接這一堆白工，我只能靠著勤奮工作來彌補。

我在LFA的目標是從造出「壓倒性的下壓力」。我讀研究所的時候，研究的題目就是空氣動力學，所以非常清楚這個目標有多難達成。空氣動力學原本是與飛機的演變一同發展的學問，但乘用車周遭的氣流，與飛機周遭的氣流完全不同，因此，「讓乘用車產生壓倒性的下壓力」這個題目屬於非常特殊的領域。

關於下壓力的研究在F1的世界當然相當進步，但市售車的基本設計理念與F1不同，無法直接套用F1的知識。也就是說，我沒有範例可以參考。這個研究包含了許許多多的可能性，我只能靠著自己的雙手反覆實驗，找出市售車能夠實現的「最佳解答」。

徹底排除「無意義的白費工夫」

然而，這當中存在著一個問題，那就是我很難將當時的實驗方法應用在反覆摸索的過程中。市售車一般會使用黏土製作的模型進行空氣動力學實驗，但模型的製作相當費時費工，所以也會對摸索的次數帶來限制。簡單來說，就是這當中有太多的「白費工夫」。

所以我認為，有必要著手打造一個能讓我盡可能多嘗試幾次的環境。於是我使用了當時尚未普及的 3D 列印機，製作了空氣動力學的精密模型。這對豐田汽車公司而言，也是首次嘗試的挑戰，而這樣的挑戰竟然由我這個什麼成績都沒有的菜鳥來進行，確實有點不知好歹，但我衝動的個性，又讓我忍不住躍躍欲試。

我先利用電腦進行空氣動力學的模擬，將看似有機會的形狀用 3D-CAD 畫出模型設計圖，接著再用 3D 列印製成模型。我還將一個模型拆成數十個零件，日後想要嘗試不同形狀的實驗時，只要像樂高積木一樣換掉部分零件即可，非常有效率。

這套實驗方法發揮出威力。不僅摸索的次數遠多於每一次實驗需要製作一個黏土模型的方法，如果實驗得到不錯的結果，3D-CAD 的資料也可以直接用在下一步的工程上，變得非常有效率。

建立這樣的業務流程需要注入非常多的時間與勞力，但是，為了盡可能避開「無意義的白費工夫」，這是不得不繞的遠路。

我成功取得能讓自己可以盡情摸索的環境，這樣的環境對於創造出「壓倒性的下壓力」而言不可或缺。

「效率」無法帶來創造力

自此之後，我日復一日地重複沒完沒了的實驗。我不斷地嘗試幾乎讓人覺得無邊無際的可能性，經歷了無數次的失敗。我也不斷地思考。一次又一次反覆這樣的循環，一步一步地逼近「最佳解答」。

時間永遠不夠用，所以我只好從星期一到星期六，每天從早上工作到深夜，幾乎沒有休息。我每天除了睡著的時候之外，其他時間都專注於思考LFA的事情（或許連睡著的時候也在思考）。重要的不是工作時間，而是腦內時間的占有率。我每天都在思考，就像孫正義的口頭禪形容的「幾乎要想破頭」。因為如果不這麼做，我就無法找出「最佳解答」。

說不辛苦是騙人的，但我為了這項工作，已經將許多人都捲進來，當然不能中途放棄。只要能夠創造出從0到1，任何做得到的事情我都願意做。不能在這個時候收手，這是我唯一的想法。

我也為此將原業務省力化，我將例行工作的效率提高到極限，盡可能將我擁有的資源投入LFA。換句話說，我也想辦法徹底去除「無意義的白費工夫」，盡可能擴大「有意義的白費工夫」，因為我認為，實現從0到1的關鍵就由後者掌握。

所以我們必須小心「效率」這兩個字。

從0到1與例行工作有著根本上的不同。例行工作有標準作業流程這樣的答案，並且講求如何有效率地完成。但從0到1卻沒有準備好的答案，只能靠自己將答案找出來。**想找出「最棒的解答」，只能盡可能一次又一次地摸索。簡化這個步驟，或許能夠有效率地創造出物品，卻不可能產生從0到1，因為這種程度的事情已經有人做過了。**

摸索是「有意義的白費工夫」，腳踏實地重複這個步驟是很重要的。

關鍵在於，「有意義的白費工夫」必須以最快的速度不斷地反覆執行，盡可能增加嘗試的次數，為此，我們必須徹底去除「無意義的白費工夫」，這才是從0到1的「效率」。

20 ▼「不會失敗」是危險的徵兆

——待在「安全地帶」，只能創造出平庸的事物

為什麼一流賽車手練習時會打滑？

這是F1界有名的傳聞。天才賽車手不知道為什麼，在正式上場前的練習中，狀況總是意外地差，經常打滑，甚至偏離賽道。

我在擔任豐田汽車的F1工程師時，曾經親眼看過他們練習，確

實會擔心：「他今天狀況是不是不太好？」但是他們正式上場後的表現卻判若兩人。

練習時的偏離賽道到底是怎麼一回事？我覺得非常不可思議。

不久之後我就知道原因了。原來他們就是靠著在練習時反覆摸索極限，才能成為一流賽車手。

「這個彎道如果速度再更加快可能會有危險。」

「我能承受到什麼程度才踩剎車？」

他們會挑戰與失誤只有一線之隔的賽道攻略。他們雖然不至於衝出跑道，把車弄壞，導致最後無法正式上場，但也絕對不會為了避免衝出跑道而選擇游刃有餘的路線。

他們透過一次又一次成功與失敗只有一線之隔的練習，讓身體牢牢記住最快的路線選擇，所以他們才能在正式比賽中獲勝。反覆這樣的過程，就能取得「一流賽車手」的稱號。

我知道這件事情之後恍然大悟。我覺得，這是像我這樣的上班族也通用的「真理」。

不只是一流賽車手，上班族在工作時，也應該把目標放在自己的實力可以勉強到達的領域，就算偶爾失敗也無所謂。不斷重複這樣的過程，就能分辨出什麼樣的領域自己有機會成功，可以果敢地上前挑戰。如此一來，就能慢慢培養出堅強的實力，持續創造出高於平均的成果。我認為，習慣這樣的工作方式，是讓自己成長的鐵則。

這樣的態度對於從0到1的計畫更是不可或缺。**我們的目標不是游刃有餘的路線，因為這種誰都會選擇的路線，無法創造出從0到1；**

也不是大幅脫離賽道的路線，這麼做的結果或許是前所未見，但只會做出沒有人需要的物品。

我們的目標是從來沒有人成功過，與失敗只有一線之隔的路線。除了無懼於打滑與偏離賽道，勇於挑戰這樣的路線之外，沒有其他方法可以實現從0到1。

從0到1的開發過程，必然是一連串的失敗

我們的目標是與失敗只有一線之隔的路線，所以從0到1的開發過程必然是一連串的失敗。

我在開發Pepper時就是如此。譬如Pepper的角色塑造，為了塑

造出可愛又有趣的角色，我們請吉本興業演藝公司與電通廣告公司的優秀創意師，仔細修正Pepper的每一個動作。但過程相當坎坷，我們一直無法做出「就是這個！」的感覺。

「表演風格」尤其困難，我希望Pepper可以視情況插科打諢，帶給人親切感，但如果只停留在「安全地帶」，很難產生有趣的笑點。相聲也是因為一個人誇張地裝傻，另一個人誇張地吐槽才有趣，但有趣與低級也只有一線之隔，分寸的拿捏如果稍有差池，只會造成觀眾的不快，這對於Pepper而言是相當危險的領域。

過去從來沒有會插科打諢的機器人，所以也沒有能夠參考的事例。說不定讓機器人搞笑這個點子已經「偏離賽道」……我雖然懷著這樣的不安，但也只能先將具體的內容寫成程式，讓Pepper實際演練看看，然後再一次又一次地調整。

試了之後是一連串的失敗，保守的反應無法產生任何趣味，所以下次就嘗試豁出去吐槽，結果卻變得不符合 Pepper 的個性，於是下次又再試著稍微保守一點。這樣的挑戰反覆了無數次。

這是負擔非常重的過程。如果只是嘗試隨便想到的內容，也無法獲得任何經驗，所以每次開發新內容時都必須仔細推敲。團隊成員在連「完成品」的範例都沒有的情況下，無止境地持續這樣的過程，會累積挫折感也是理所當然，但這個時候才是關鍵。

我認為，能夠進攻到多逼近那只有一線之隔的部分，是成敗的分水嶺。所以失敗也不能氣餒，只能持續努力，我也不斷地激勵團隊成員。

成功，需要經歷幾乎讓人氣餒的失敗

失敗、修正、失敗、修正……這樣的過程不知道反覆了多少次。但經過這樣的努力，「保守」與「過分」之間的振幅變得越來越小，最後，我們終於找到適合 Pepper 的「表演風格」。

其中一項，就是在記者會上表演的「機器人饒舌歌」。

「機器人饒舌歌」是讓 Pepper 半認真地對人類生氣的表演風格，說出來的話也極為無禮。我在公司內部展示這項功能時，很多人表示疑慮，與我展開激辯，「這麼做是違反教育與倫理。」「我們不需要背負這麼大的風險。」反對的意見相當堅決。

然而，對開發團隊而言，我們一路走來累積了許多沒有人嘗試過的挑戰，Pepper才能走到今天，「機器人饒舌歌」就是這個想法的體現，所以我直到發表會前都不肯退讓：「請務必在記者會上實際展示。」

孫正義在最後的最後，終於做出英明的決斷：「那就展示吧！」

到了記者發表會當天，我與團隊成員一起在會場的一角，吞著口水守著Pepper。在孫正義與Pepper一來一往的輕鬆對話中，「機器人饒舌歌」登場的時刻逐漸逼近。「是禍還是福呢？」我緊張得心跳加速。

最後，Pepper順利引發全場的笑聲。這一瞬間，辛苦至今的團隊成員臉部表情全都亮了起來，我也覺得壓在胸口的大石終於落下。

Pepper當然無法像專業的相聲師那樣引起爆笑，但能夠冒險踏進有點「無禮」的領域，創造出歡樂的氣氛。開發團隊為了領會這當中的分寸，經歷了幾乎讓人氣餒的失敗。

更令人開心的是，「機器人饒舌歌」在推特上引發話題，還有人寫道：「軟體銀行的股價，因為機器人饒舌歌上漲了。」我當然不知道股價上漲的真正原因，但至少幾乎沒看到否定「機器人饒舌歌」的反應。

不能忍受失敗，就無法成功

所以我是這麼想的，**從0到1需要「忍受失敗」**。

就像一流賽車手必須透過在練習中的多次打滑，才能體會彎道的感覺，我們也只能從多次的失敗當中，體會從0到1的關鍵。**只有經歷過失敗，才能逐漸摸清不能跨越的那條線，也才能掌握那條與失敗只有一線之隔的路線。**

相反地，如果為了避免失敗，只在游刃有餘的安全範圍中工作，就只能創造出平庸的事物。能夠實現從 0 到 1 的，只有在成功之前不斷背負失敗風險的人，換句話說，就是只有能夠「忍受失敗」的人。

不，應該這麼說才對，**「不會失敗」是危險的徵兆，因為這代表沒有挑戰極限。**

乍看之下沒有失敗，但其實只是讓從 0 到 1 的能力退化而已。

單純的粗心大意就不用說了，胡亂畫大餅導致的失敗，也不會讓你更接近成功。正確的方式應該是以極限路線為目標，一次又一次地挑戰，並且從失敗中得到回饋，提高挑戰的精確度。

能不能腳踏實地反覆這樣的過程，才是從 0 到 1 的成敗關鍵。

21 ▼「言語」的力量有極限

——「實物」比「言語」更有說服力

過度依賴「言語」才會迷失

我在每天的工作中都會使用「言語」。我靠著言語思考、靠著言語討論，這是理所當然的事情。

然而實際上，言語只是「假象」。如果過度依賴言語，沒有理解言語的極限的話，會輕易地破壞溝通，計畫也會陷入迷航。

譬如我說：「我想要清爽的顏色。」但是每個人對於「清爽」這兩個字都懷著不同的印象。就算有人對清爽的印象與我大不相同，也一點都不足為奇。「心情明朗愉快的樣子。」「擁有爽快好心情的樣子。」翻開辭典，確實寫著類似這樣的解釋，但每個人從這段解釋中得到的感覺，又有細微的差異。無論言語的定義多嚴謹，都很難讓每個人浮現一致的印象。

因為我們對於言語的理解，會對應到自己的經驗。或許有些人聽到「清爽的顏色」，會下意識對應到小時候看過的秋日晴空，但也有人會聯想到初夏的新綠、春天的櫻花，或是嚮往的偶像常穿的那件衣服的顏色。每個人對於「清爽的顏色」的獨特印象，都是由好幾段記憶混和而成的。

沒有一個人的人生經驗與其他人完全相同，所以即使聽到同一句話，得到的印象也必然會有所差異。

但是我們經常會被言語蒙蔽。

我們靠著言語溝通，就以為團隊成員都應該產生同樣的印象，但這麼做將埋下許多地雷，隨著計畫的推進，印象的落差會越來越明顯。「這跟我想的不一樣。」「你為什麼不照我說做？」「你明明是這麼說的啊……」成員之間展開無意義的爭論，計畫也越來越不順利，這麼一來也不可能做出好東西。

那麼，該怎麼做才好呢？

有一個簡單的方法，那就是用言語以外的方式表現，只要展示「具體的東西」即可。

如果想要「清爽的顏色」，那就把自己印象中清爽的場景實際呈現給團隊成員看。呈現方式可以是複製畫，也可以是照片或影片。團隊成員看了之後，或許會提出多到驚人的問題，但是多費這一道工夫，就能大幅降低認知不同的風險。

或者，也可以試著做出紙糊的試作品。這麼做的目的是為了使團隊成員的認知一致，所以不需要達到一般試作品的完成度。重要的是將心中所想的事物化為具體形狀，用言語以外的方式呈現出來。

我會在會議中用紙張與膠帶做勞作，或是當場表演短劇，呈現出我的印象。就結果而言，即使只是小學勞作的程度，也能成為引發討論的契機，而且討論的品質遠比只有言語的爭論高多了。

從 0 到 1 不可能透過「言語」表現

言語以外的表達，對從 0 到 1 而言更是重要。

這也是理所當然的，因為從 0 到 1 製作的是沒有人看過的東西。每個人對於這種東西的想像都一定會有落差，所以很難用言語正確傳達。正因為如此，同時使用言語以外的東西呈現，即早發現彼此的印象差異是非常重要的步驟。Pepper 的計畫讓我深刻感受到這點。

事情發生在計畫最初期的階段。我根據孫正義的願景「將能夠與人類心靈交流的機器人普及化」，想出「能夠讓人開心的機器人」這樣的概念。為了達到這個目的，必須讓 Pepper 做出溫暖而有趣的反應。我在實際進入製作階段之前，先在董事會上說明 Pepper 將搭載的內容。

然而，我在企畫會議上卻遭遇難題。因為討論的主題是「有不有趣」，所以感覺因人而異。無論我準備的企畫書多麼詳盡地用言語表達「有趣」的概念，都難以順利傳達出去，每個人依然會從中得到不同的印象。我得到的回應只有：「這哪裡有趣了？」

話說回來，沒有人看過有趣的機器人，所以我說的話聽起來虛無飄渺，不管說明幾次都無法讓人理解。

我的簡報甚至讓孫正義大發雷霆，他命令我；「重新擬定企畫，兩天後帶一百個點子過來！」我拚命想出一百個點子，但結果還是一樣。不管怎麼做，都會陷入無意義的討論。

於是我寫電子郵件給孫正義：「請給我三個月的時間，如果還是不行，開除我也無所謂。」

我利用這段時間與團隊成員一起將有趣的內容實際安裝在 Pepper 上。因為我覺得，除了透過實物展現，沒有其他方式可以分享印象。

接下來就是日復一日的摸索。我們反覆試做，每當覺得：「不對，不是這樣。」就修正軌道。

我心中雖然有模糊的完成圖，卻很難將這個印象具體化，那是壓力非常大的狀況。回過頭來看，這段時間面臨的或許是 Pepper 計畫最辛苦的局面。但透過這樣的過程，「有趣的 Pepper」逐漸化為具體的形象。

感性領域的問題，只能透過「實物」討論

三個月後，我想像中的內容終於完成。

我們把 COWCOW 這組搞笑藝人的段子「理所當然體操」，改編成機器人的版本，將跳舞的程式實際安裝在 Pepper 上。接著便是向孫正義展示的日子。

「如果高層還是無法理解，那就到此為止了。」我懷著這樣的覺悟，非常緊張。

當 Pepper 表演起溫溫吞吞的「理所當然體操」時，氣氛變得不一樣了。雖然有點生硬，卻還是拚命跳著體操的樣子，與 Pepper 的角色性格非常符合，有種說不出來的滑稽可愛。董事們凝重的表情也緩和下來。孫正義笑得很開心，最後還和 Pepper 一起跳了起來。

原本說破嘴也表達不出來的事情，大家一下子就懂了。自此之後，

Pepper的開發計畫一口氣加速，公司內部的期待感也提高，對計畫充滿熱情。

所以，在使用言語時必須小心。言語在從0到1的計畫中沒有力量，尤其是像Pepper這種涉及感性領域的從0到1更是如此。

感性領域的問題，如果只靠言語討論，絕對不會有著落。盡可能在早期階段就將概念化為實物，讓所有相關人員分享相同的印象，是完成從0到1的必要條件。

22▼不要相信使用者的「言語」

——自己動腦思考言語背後的「真意」

使用者的意見無法帶來創新

做出使用者想要的東西，這是工作者被賦予的使命。

所以，將使用者的意見反應在工作上很重要。市場調查、試用感想、使用者訪談就不用說了，使用者的投訴也是公司重要的資產。

但是，從 0 到 1 的計畫卻必須注意，使用者告訴我們的，終究只是對現有商品的期望與不滿。他們的意見雖然可以活用在改善現有商品上，但無論蒐集再多，都無法從中創造出「誰也沒看過的東西」。

賈伯斯（Steve Jobs）奉行的就是這個原則，據說他在構思 iPod 與 iPhone 的點子時，不太參考市場調查。他只是單純地在腦中描繪自己想要的東西，然後將想法化為實體，沒有任何妥協，最後他創造出來的就是「誰也沒看過的東西」。當使用者拿在手上時，也會覺得：「這就是我想要的！」

成立新創企業時，投資者在意的也是你想做什麼。從 0 到 1 就是這麼一回事，畢竟從 0 到 1 創造是「誰也沒看過的東西」。

所以，在 Pepper 的企畫階段，我們也不太重視市場調查。但是隨著開發進行到做出展示品之後，情況就改變了。當我們越來越靠近自己想像的終點時，確認使用者的反應就成為不可缺少的步驟。如果能夠知道使用者覺得哪裡「不對勁」，只要在完成之前消除這項缺點即可。所以當Pepper有了一定的完成度之後，我們就頻繁舉辦試用會，進行使用者訪談，徹底面對使用者的意見。

這個時候也必須小心。**因為如果只聽取使用者「表面上的意見」，恐怕會離使用者追求的事物越來越遠。**

譬如試用感想，如果直接把報告上寫的文字理解成「使用者的意見」，那就太危險了。因為使用者不可能把他所有的想法都透過言語表達出來。

舉例來說，假設某項商品舉辦了試用活動，顧客A與顧客B都回答「想使用看看」，但這兩個回答的背後，應該隱藏著無法用言語表現的微妙差異。

試用商品時的表情變化、眼神移動、點頭、手勢、聲音、嘆息……就算同樣都回答「想使用看看」，這句話當中也隱含了龐大的無法完全用言語表達的非言語資訊。如果沒有實際去感受這些資訊，只看報告上寫的內容是很危險的，甚至可能會離使用者的意見越來越遠。

所以我會盡可能前往調查現場，在那裡仔細觀察試用者的反應。

我會全神貫注地張開五感來感受。我當然也會請計畫的核心成員盡可能與我同往，要求他們感受同樣的事物，獲得同樣的經驗。因為只有**像這樣讓團隊成員共享非言語的資訊，才能針對「使用者追求的是什麼」展開本質上的溝通。**

使用者不會直接告訴我們「答案」

我們不能囫圇吞棗，全盤接收使用者說的話。因為使用者說出這句話時，並不了解自己的潛在需求，有時候甚至連自己真正的感受都不清楚。

我覺得人類就是這樣的生物。各位不也是如此嗎？

舉例來說，當你去便利商店時，眼前有許多便當與甜點，你選了某個商品拿到櫃台結帳。這時候如果問你：「你為什麼會選這個甜點呢？為什麼不選其他商品呢？」你有辦法明確回答嗎？

一般來說，我們只能說出模糊的答案，譬如：「因為看起來很好吃。」「因為我喜歡這個。」

但是如果再繼續追問下去：「為什麼看起來很好吃呢？」「你為什麼喜歡這個呢？」我們就會卡在某個地方答不出來。對人類來說，明確掌握自己判斷的根據，將這個根據完美地化為言語，是非常困難的事情。

所以在開發商品時，不能輕率地回應使用者的言語。使用者並不會直接告訴我們「答案」。解讀話語背後的「想法」，這才是重點。我們必須把使用者的言語當成契機，自己動腦思考：「使用者真正追求的是什麼呢？」

掌握言語背後的「真意」，就能一口氣擴大可能性

如果能夠做到這點，就能獲得重要的線索。

我在Pepper發售後的試用會上，聽到一句印象非常深刻的話。那次的試用會辦在老人安養中心，我帶著Pepper前去。Pepper很受老

先生、老太太歡迎，他們一看到Pepper，都露出笑容，「哎喲，真可愛。」接著輕輕摸了摸Pepper的手，笑著說：「好軟喔。」Pepper不像想像中的機器人那樣堅硬，讓他們非常開心。

等他們與Pepper玩了一整天之後，我問他們：「Pepper有哪裡需要改良的嗎？」

有一位老太太給了我一個想像不到的答案：

「要是手有溫度就好了……」

這句話給了我很大的啟示。我當然不是真的想要讓Pepper有體溫，我思考的是別的事情。

這位老太太在看到Pepper的瞬間，大概覺得它就像人類的孩子吧。

所以她像對待孩子一樣地與 Pepper 對話，自然地握住它的手。Pepper 的手摸起來很軟，彷彿就像孩子的手，但還是有些地方不對勁，那就是沒有體溫。換句話說，老太太是透過身體接觸，與 Pepper 進行非言語的溝通。這讓我有點驚訝，因為我原本都把重點擺在言語溝通，思考要讓 Pepper 說些什麼，才能逗人開心。

但人類確實能透過與他人的非言語溝通得到撫慰，這或許是人類原始的欲望。

我們當然也在時間允許的範圍內，竭盡所能地在 Pepper 非言語溝通的部分下工夫，譬如小動作與姿勢等等，如果沒有這樣的努力，Pepper 帶給人的印象應該會相當不同。但我覺得這位老太太的一句話，讓我發現前方還有無限廣大的世界。

那時候的發現，也成為我創立「GROOVE X」這家公司的契機。我認為，追求非語言溝通的機器人將在未來成為人類的支持。

就像動物會為了在大自然中存活下來而演化，機器人也該配合人類的生活演化，走入家庭當中。目前家庭當中頂多只有掃地機器人，但是與機器人共存的生活，今後應該會以驚人的速度發展吧。

我深信，在這樣的生活當中，機器人不只會幫人類工作，也會成為人類的心靈支柱。為了達到這個目的，首先必須獲得主人的喜愛才行，所以今後的機器人應該會變得遠比現在更可愛、更有魅力。我現在一邊想像那些老太太表情閃閃發亮地說：「唉呦，真可愛。這種機器人我也想要。」一邊開發新時代的機器人

為我帶來這個全新夢想的，就是那位老太太的一句話。我想，**只要掌握住使用者意見背後的想法，就能不斷拓展出新的可能性。**

後記

日本曾經是從 0 到 1 的熱點

「在日本不會有 0 到 1。」

我經常聽到這樣的感慨。我也有同樣的感覺，確實，來自日本的從 0 到 1 越來越少見了。

《時代》（*Times*）雜誌在二〇一六年五月三日發表了一篇報導，標題是〈至今為止最具影響力的五十個科技產品〉（The 50 Most Influential Gadgets of All Time），報導中竟然有四分之一是來自日本的產品。前二十名中，約有三分之一是日本在高度成長期到泡沫化時期創造的從0到1。站在世界的角度看，日本曾經是從0到1的熱點。

那麼，為什麼近年來從0到1越來越少了呢？

我認為，並不是因為日本人沒有從0到1的能力，而是因為日本社會成熟後，「不會失敗」被視為是有價值的事情。

過去在熱點時代，支撐日本的大前輩都曾經歷過戰後的瓦礫堆，他們不是生活在「避免失敗」的時代，而是生活在為了活下去，能做的事情就去做的時代。而且，戰後的日本擁有明天會比今天更好的夢想，瀰漫著「全民皆新創」的氣氛。這樣的環境，不就像是一所培養從0到

1 思維的學校嗎？

然而，差不多從高度經濟成長期的後期開始，整個日本社會開始重視「不會失敗」的價值。孩子們從小被告誡「這樣會受傷」、「那樣很危險」，在成長過程中被灌輸了大量「不能做的事情清單」。升學考試也一樣，考試比的就是如何不失敗地找出準備好的正確答案，對排名的重視更助長了這一點。

我們就這樣在「不能失敗」的束縛下成長，變得害怕挑戰，和那些能做的事情就去做的大前輩不一樣。最後就變得只會重複別人準備好的正確答案，在這樣的環境中，當然不可能從產生從0到1。

人生原本就沒有正確答案，儘管如此，我們卻因為太害怕人生的失敗，即使機會就在眼前，也不敢伸手去拿。最後只能停留在自己相信的「安全地帶」中，殊不知這樣的溫水最後會讓我們變成水煮青蛙。

準備好的答案終究不是自己的人生，所以我們不管到了幾歲都沒有自信，總是懷疑：「自己的人生是正確的嗎？」我覺得這樣是很不幸的。

賈伯斯是天才嗎？

我在年輕時當然也沒有自信。剛出社會時也是戰戰兢兢，但因為我有著與生俱來的衝動個性，所以一旦興起「想做這件事」的念頭，就算害怕也無法忍著不做，我也因此經歷了無數的失敗。

但是我在一次又一次的失敗中，徹底思考：「該怎麼做才能成功？」從無數次的挑戰中獲得成長，學會以自己的方式挑戰從0到1。

過去許多偉人實現了亮眼的從0到1，他們的人生態度帶給我鼓勵。賈伯斯就是其中一位，我從他的人生態度中獲得很大的啟示。

一九七七年發售的 Apple II，是賈伯斯第一個大獲成功的產品。但據說為這項產品付出最大貢獻的是共同創業者沃茲尼克（Steve Wozniak），當時的賈伯斯只是個擅於讓人看見夢想的說書人。直到一九九八年 iMac 推出後，他真正想做的東西才在市場上大獲成功。這段期間足足有二十年，我認為，這二十年當中隱藏了他成功的祕密。

他因為沃茲尼克的 Apple II 一舉成名，他用天才般的語調，訴說著充滿夢想的未來。但我關注的是他後來的行動。一般來說，一旦獲得這樣的資產、地位與名聲，就會因為害怕失去而不敢嘗試新的挑戰。但是他卻不斷地以到手的事物為本錢，挑戰新事物，而且還輸得一敗塗地。他被趕出蘋果公司，設立的電腦公司 NEXT 業績也毫無起色。即便如此，他依然不放棄挑戰，我覺得這是他真正了不起的地方。

賈伯斯在這長達二十年的期間，經歷慘烈的失敗也不氣餒，累積出比普通人一輩子所能經歷的還要多好幾倍、甚至好幾十倍的經驗，也因此在腦中儲存了驚人的「潛意識知識」。我覺得他在這期間積蓄的能力，讓他在往後超過十年的時間，創造出不斷改變世界的從0到1。

他在史丹佛大學畢業典禮的演講中所說的「串連點與點」，表達的就是這樣的過程。他在演講中介紹了自己的逸事，他說自己在大學時，曾經沉迷於西洋書法，後來在無意間，將這樣的經驗應用在麥金塔電腦的字型設計上。他藉著這個故事告訴學生，人生中曾經拚命做的事情乍看之下似乎毫無關連，但日後回過頭來看，就會發現這些「點」與「點」將串連成線，最後成為一幅「畫」。

但我覺得，他之所以會挑「西洋書法」與「麥金塔電腦」當例子，只是因為這樣的話題美好而且易懂。他在人生中品嘗到的經驗並非全都如此美好，這所有的經驗，尤其是在那二十年經歷的辛酸，成為一個一個「點」，這些點自由自在地任意串連，才能創造出 iMac、iPod、iPhone 這些「畫」。

不要試圖設計人生

我說的並不是什麼「神蹟」。「串連點與點」是我們每個人腦中都會發生的普遍現象，當我們經歷各式各樣的事情時，當時的感覺全都會進入大腦，成為刺激，無論大腦的神經細胞網路是否願意，都會自動重組，而且這樣的改變不可逆。換句話說，每當我們受到刺激時，大腦的神經細胞網路都會自動進化成新的迴路。

接著我們的大腦中會發生有趣的現象，某個經驗建立起的迴路，會因為某個相似之處，就在無意間與另一個看似毫無關係的經驗建立起的迴路串連在一起，產生共鳴。那一瞬間的感覺，就像發現好友也是以前同學的朋友而大吃一驚，覺得：「世界真小！」腦中的世界儘管是廣大的深淵，但也同樣小得出乎意料。

這就是靈光一現。正因為是無意間發生的現象，才會產生「前所未有的發想」。重要的是，不只賈伯斯會靈光一現，任何人都具備這樣的「標準功能」。既然如此，我們可以說，賈伯斯之所以能夠創造出偉大的從0到1，不是因為他的天賦，而是因為他一次又一次挑戰新事物，即使失敗也不氣餒，透過這樣的經驗培養出誰也沒有的大腦迴路。

這樣的想法帶給我勇氣。因為即使像我這樣的凡人，只要不害怕失敗，在容許範圍內承受最大限度的風險，不斷地全力挑戰想做的事情，總有一天也能夠實現偉大的從0到1。

所以我認為，不能試圖設計自己的人生。

如果每個人都像人生規畫講座或員工教育訓練所教的那樣，把自己的人生規畫在觸手可及的範圍內，就會在自己心中創造出保守的成見，壓抑挑戰的欲望，如此一來，就無法培養出誰都沒有的大腦迴路。

相較之下，我認為懷著更大的彈性，努力去嘗試想做的事情、想挑戰的事情，雖然多少將增加風險，但人生的可能性也會一下子拓展開來。所以儘管我有時候也會感到害怕，想收手，但依然持續追求想做的事情、想挑戰的事情，譬如LFA、F1，以及Pepper，因為我想累積自己的挑戰經驗。

打造創意源源不絕的公司GROOVE X

這次，我開始另一場更大的挑戰，我跳脫上班族的框架，創立了

「GROOVE X」這家公司。

這次的創業有三個目的。第一個目的是創造出「潛意識溝通機器人」，能夠透過非語言溝通支持人類。

第二個目的是建立來自日本的新產業新創企業。我希望自己能夠貢獻微小的力量，幫助日本再度成為從0到1的熱點。

第三個目的就如同公司名稱所示，我希望自己建立的組織，能夠產生如海浪般源源不絕的創意。

我一路走來，有過許多次這樣的經驗。當不同背景、充滿魅力的成員聚集在一起開始討論時，一個無聊的點子會帶來其他點子，進入創意的良性循環。這是參加者的「靈光一現」彼此產生共鳴的瞬間，最後得到的結論將超越原本的想像。這樣的經驗讓我發現，真正的會議其實非常有趣。如果能夠建立一個組織，把這樣的共鳴當成日常文化，人和組織應該都能夠成長。我希望公司能夠成功，證明這個假說。

這當然是未知的挑戰，創業所背負的風險，遠大於從前當上班族時所經歷過的，但我還是想要直接面對自己想做的事情、想挑戰的事情。這樣的挑戰，應該能讓自己更加成長。我相信這樣的挑戰能讓一起背負風險，冒險航向怒濤的夥伴、為我加油打氣的各位，以及我自己的人生都變得更豐富。

在本書的末尾，對於曾經幫助我成長的人，我想表達心中的感謝。

在豐田汽車與軟體銀行照顧過我的人，給過我許許多多的機會，幫助我成長。尤其是孫正義社長，不僅給了我開發 Pepper 這個大機會，還給了我許多寶貴的意見，再次致上我最深刻的謝意。

我也感謝將本書讀到最後的各位讀者。我雖然還不夠成熟，但如果本書傳達的訊息，能夠成為各位的後援，幫助各位進行想做的事情、想挑戰的事情，那就太好了。我忍不住期待在與各位的切磋琢磨中，創造出一個又一個能讓全世界振奮的從0到1。

Pepper 開發者從 0 到 1 的創新工作法：重要的不是才能，而是練習！我在 Toyota 和 SoftBank 突破組織框架的 22 個關鍵／林要著；林詠純譯 .-- 初版 .-- 台北市：時報文化，2018.6；288 面；15×21 公分
譯自：トヨタとソフトバンクで鍛えた「0」から「1」を生み出す思考法　ゼロイチ
ISBN 978-957-13-7449-9（平裝）

1. 職場成功法　2. 創造力

494.35　　107009321

ISBN 978-957-13-7449-9
Printed in Taiwan.

BIG 291

Pepper 開發者從 0 到 1 的創新工作法

重要的不是才能，而是練習！我在 Toyota 和 SoftBank 突破組織框架的 22 個關鍵

トヨタとソフトバンクで鍛えた「0」から「1」を生み出す思考法　ゼロイチ

作者　林要｜**譯者**　林詠純｜**主編**　陳盈華｜**編輯**　劉珈盈｜**美術設計**　莊謹銘｜**排版**　吳詩婷｜**執行企畫**　黃筱涵｜**發行人**　趙政岷｜**出版者**　時報文化出版企業股份有限公司　10803 台北市和平西路三段 240 號 4 樓　**發行專線**—(02)2306-6842　**讀者服務專線**—0800-231-705・(02)2304-7103　**讀者服務傳真**—(02)2304-6858　**郵撥**—19344724 時報文化出版公司　**信箱**—台北郵政 79-99 信箱　**時報悅讀網**—http://www.readingtimes.com.tw｜**法律顧問**　理律法律事務所　陳長文律師、李念祖律師｜**印刷**　盈昌印刷有限公司｜**初版一刷**　2018 年 6 月 22 日｜**定價**　新台幣 330 元｜行政院新聞局局版北市業字第 80 號｜缺頁或破損的書，請寄回更換

時報文化出版公司成立於 1975 年，並於 1999 年股票上櫃公開發行，於 2008 年脫離中時集團，非屬旺中，以「尊重智慧與創意的文化事業」為信念。

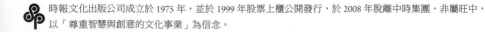